新版 なぞとき恐竜大行進 6

たかしよいち 文
中山けーしょー 絵

アルゼンチノサウルス

これが超巨大竜だ！

理論社

もくじ

←この角をパラパラめくると
ページのシルエットが動くよ。

ものがたり

石《いし》けりでやっつけろ!

身《み》を守《まも》る石《いし》けりの力《ちから》

「クアアーン（食事《しょくじ》の時間《じかん》だよーっ）」

かあちゃんがよんだ。

すずしい木《こ》かげで、石《いし》けり遊《あそ》びをしていた、アルゼンチノサウルスの子《こ》どもたちは、石《いし》けりにむちゅうで、かあちゃんのよびかけに、だれも答《こた》えない。

アルゼンチノサウルスは、草食《そうしょく》の

大型《おおがた》きょうりゅうだ。子《こ》どもたちは、みんなで六ぴき。去年《きょねん》生《う》まれたあにきとあねきが三びき、名《な》まえは「アル」「アレ」「アホ」だ。それに、今年《ことし》生《う》まれたちびが三びきで「ルガ」「ラガ」「ンガ」。

だが、石《いし》けり遊《あそ》びをしていたのは四ひき。あにきのアルと、あねきのアレ、それにちびのルガ、ラガだ。

あとの二ひきアホとンガは、
どこへ行《い》ったのか、すがたが
見《み》えない。
「ちょい待《ま》ち！」
そこでさっそく、読者《どくしゃ》のみなさんの
中《なか》から、待《ま》ったがかかるにちがいない。
「きょうりゅうが石《いし》けり遊《あそ》びなんかするの？」
はっきりお答《こた》えしよう。
「する」
だが、人間《にんげん》なんかの石《いし》けりより、はるかに

すばらしいし、しんけんだ。

　アルゼン（これからはりゃくして、そうよぶことにする）は、石《いし》をけるのに足《あし》を使《つか》うのはもちろんだが、尾《お》も使《つか》う。

　あにきのアルが、あねきのアレに向《む》かって、右足《みぎあし》で石《いし》をける。アレは、自分《じぶん》にとんできた石《いし》を、すばやく尾《お》でうけてはじきかえす。あにきのアルは、はじきかえされてとんできた石《いし》を、ぱくりと口《くち》にくわえこむ。みごとな石《いし》さばきだ。

人間《にんげん》なら、さしずめパチパチと、大《だい》はく手《しゅ》をおくるところだが、アルゼンのちびたちは、あにきやあねきたちのすばらしい足《あし》さばきと、しっぽさばきを見《み》て、はく手《しゅ》のかわりに、いっせいに首《くび》をたてにふって、はしゃいだ。

おとなになると四〇メートルにもなるという、アルゼンチノサウルスについては、この本《ほん》の五七ページからはじまる「なぞとき」のコーナーにゆずって、ものがたりを先《さき》へ進《すす》めよう。

帰《かえ》ってきたとうちゃん

アルゼンの子《こ》どもたちが、石《いし》けりにむちゅうになっているところへ、ノッシ、ノッシ、大《おお》きな体《からだ》をもてあましぎみに、とうちゃんが帰《かえ》ってきた。

とうちゃんは、元気《げんき》な子《こ》どもたちを見《み》て、上《じょう》きげんだ。

「ほう、みんな熱心《ねっしん》にやっとるな、けっこうけっこう。おれの教《おし》えたことが、どれほど上達《じょうたつ》したか、いっちょうためしてみるか」

そういうとうちゃんは、あにきのアルに向《む》かって、いきなり前足《まえあし》で石《いし》をけりつけた。

ピューッ！

スピードにのった石《いし》は、ゆだんをしていたアルのおでこにゴツーン！

「ギャーッ！」

アルの目《め》から火花《ひばな》がとびちり、気《き》をうしなって、その場《ば》にひっくりかえった。

さあ、たいへん。そのようすを見《み》ていたほかの子《こ》どもたちは、いっせいにひめいを

あげ、かあちゃんのいる巣《す》に向《む》かって、
クモの子《こ》をちらすように、にげかえった。

そのさわぎに、巣《す》からかあちゃんがとび出《だ》してきて、たおれているアルにかけよった。

「まあ、なんてことを！」

おでこに大《おお》きなコブができ、血《ち》を流《なが》してたおれているわが子《こ》のすがたに、かあちゃんは、ひっくりかえるほど、おどろいた。

「なーに、おれがけとばした石《いし》を、よけきれなかったまでだ。まだまだ修行《しゅぎょう》がたりん。こんなことじゃ、殺《ころ》し屋《や》に出《で》あったら、たちまちつかまって、

食《く》われてしまうぞ」

とうちゃんのそのことばに、

かあちゃんはたちまちカッ！と、

頭《あたま》に血《ち》がのぼった。

「なんてことというの、あんた！

この子《こ》はあんたの子《こ》でしょう。なのに、

こんなひどいめにあわせて。わたし、しょうちしないわ！」

かあちゃんはどなると、いきなりとうちゃんに組《く》みつき、

右足《みぎあし》をあげて、とうちゃんの足《あし》の指《ゆび》を、力《ちから》いっぱいふんづけた。かあちゃんは強《つよ》いのだ。

「キエエーッ！（いてえーっ）」

とうちゃんは、ひめいをあげた。

「そら、ごらん。たったこれっぽちで、ひめいをあげたりして、みっともないったらありゃしない。二度《ど》と子《こ》どもたちにへんなまねしたら、しょうちしないわよ。わかったわね」

そういうと、かあちゃんは、たおれているアルのおでこのきずを、やさしくなめまわし、きず薬《ぐすり》の葉《は》っぱをはりつけた。

「さあ、おいで。おいしい食事《しょくじ》が待《ま》ってるよ」

かあちゃんは、アルをつれて巣《す》へもどっていった。

そのあとを、とうちゃんは力《ちから》なく、
すごすごとついていった。
「あなたになんか、食《た》べさせるものはないよ」
かあちゃんはうしろをふり返《かえ》り、
とうちゃんをにらみつけて、そういった。
「おれだって、はらぺこなんだ」
「だったら、勝手《かって》にどっかへ行《い》って、
まずい草《くさ》でも食《く》ってくりゃいいさね」
かあちゃんは、つっけんどんに、
つきはなした。

ああ、母《はは》は強《つよ》し！
とうちゃんは、すごすごとひき返《かえ》していった。

まい子《ご》の二ひき

巣《す》に帰《かえ》ったかあちゃんは、六ぴきの子《こ》どものうち、二ひきがいないことに気《き》がついた。

「アホとンガは、どうしたの？」

かあちゃんは、子《こ》どもたちを見《み》まわしながらたずねた。

「おれたち知《し》らないよ。にいちゃんは、ンガをつれて、

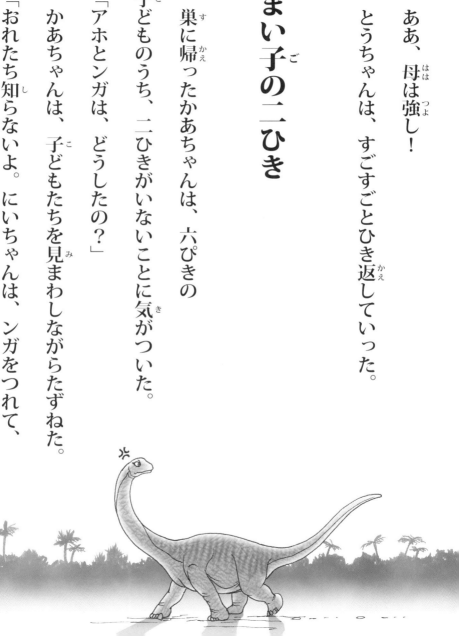

どっかへ遊《あそ》びにいっちゃったよ」

「なんですって。巣《す》のまわりにいなさいって、あんなにきびしくいったのに。また、遠《とお》いところへ遊《あそ》びにいったのね。しかも、ちびのンガまでつれて……」

かあちゃんの頭《あたま》に、また血《ち》がのぼった。

「遊《あそ》びじゃないんだって、たんけんだって、にいちゃんはいってたよ」

「おだまり！　なにがたんけんよ。おそろしい殺《ころ》し屋《や》にでも見《み》つかったら

どうするの。すぐにさがさなくちゃ。あんたたち、ここにじっとしているのよ」

かあちゃんはすぐさま、ひき返《かえ》していったとうちゃんのあとを追《お》った。

とうちゃんは、すぐに見《み》つかった。

「あんた、たいへんよ。アホとンガがいないの。すぐにさがして、つれてきてちょうだい。もし殺《ころ》し屋《や》にでもつかまっていたら、あんたのせきにんよ！」

「なんで、おれのせきにんなんだよ。ふざけるな」

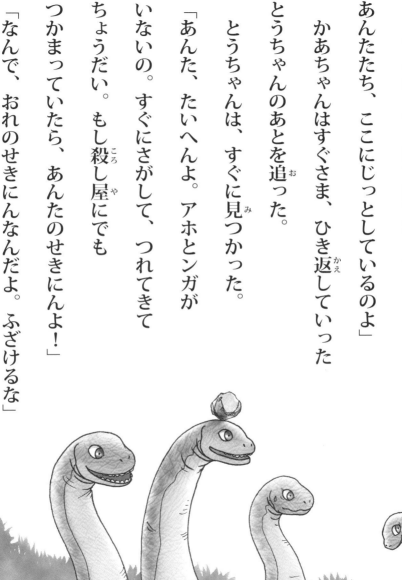

「まあ、よくいうわね。子《こ》どもたちに石《いし》けりを教《おし》えたのは、いったいどこのだれなの。アホは石《いし》けりがうまいと、あんたにおだてられてから、すっかりいい気《き》になって、勝手《かって》に遠《とお》くにでかけるようになったのよ。せきにんないなんて、いわせないからね！」

「わかった、わかった。さがし出して、とっつかまえてくりゃいいんだろ。やろうたち、見《み》つけたらただじゃおかねえぞ」

とうちゃんは、ぷりぷりおこりながら、足《あし》ばやにかけだしていった。

「グウウー。ワワアアー（おーい、おれのむすこのアホとンガ、おれの声《こえ》が聞《き》こえたらすぐに出《で》てこい。おいしい食《く》い物《もの》があるぞ。早《はや》く来《こ》ないと、ほかのやつらが食《く》っちゃうぞーっ）」

どうやら、とうちゃんの作戦《さくせん》、食《く》い物《もの》で
アホとンガをおびきだそうって考《かんが》えだ。

森《もり》の中《なか》のすてきなおばさん

そのころ、かんじんのアホとンガは、
どうしていいたんだろう。
二ひきは、木立《こだ》ちのおいしげる、ふかい
ジャングルの中《なか》にいた。見《み》るものふれるもの、
みんなはじめて出《で》あうものだ。二ひきは、

うれしくて楽《たの》しくて、むねをわくわくさせ、しげみのおくへおくへと、はいっていった。

しげみの中《なか》には花《はな》もさいていて、鳥《とり》やトカゲやチョウや、クモなどがいっぱいいいた。

いままで食《た》べたことのない、おいしい葉《は》っぱをむしゃむしゃ食《た》べた。

「アルやアレ、それにルガやラガたちも、つれてくりゃよかったなあ」

「でも、こんなとこまで来《き》たことが、

かあちゃんに知《し》られたら、たいへんなことになるよね、にいちゃん」

「それもそうだ。ないしょ、ないしょ」

二ひきがそんなことをいいながら、森《もり》の中《なか》を進《すす》んでいると、とつぜん目《め》の前《まえ》から「クワーッ！」と、するどい声《こえ》があがり、クチバシのとがった、けわしい目《め》つきをした鳥《とり》がとび出《だ》してきた。ニワトリほどの大《おお》きさの、とべない鳥《とり》、パタゴプテリスク（りゃくしてパタゴ）のおばさんだ。

「こら、ばかども！　勝手《かって》にはいっちゃいかん。ここはわたしの、だいじなねぐらだよ。ちび、そこどきな！」

パタゴのおばさんは、ンガに向《む》かって、
とびかからんばかりのけんまくでどなった。
なんとまあ、ンガは、おばさんがせっかく
生《う》んだタマゴを、ふんづけるところだったのだ。
「ンガ、早《はや》く、そこどくんだ！」
あにきのアホが、あわててちびをどかせ、
「スンマセン」とあやまった。
「おまえたち、見《み》るとどうやらドデカイ
（アルゼンのこと）のちびどもの
ようだが、子《こ》どもだけでよくまあ、

こんなきけんな森《もり》へ来《き》たもんだ。
ここが、ワルどものすむ森《もり》って
こと、知《し》ってのことだろうね」
「えっ、そんなあ……!?　おれたち、
こわいことなんか、なんにもなかったよ」
「そりゃけっこう。おまえたちのようなノーテンキな
子《こ》を持《も》つ親《おや》は、さぞかし苦労《くろう》することだろうねえ。
わるいこといわないから、いまのうちに、さっさと家《いえ》に
お帰《かえ》り。でないと、そろそろワルどもがやって来《く》るよ」
パタゴのおばさんが、そんなことをいっているあいだに、

もうすぐ近《ちか》くに、そのワルがすがたを見《み》せていた。

森《もり》の小悪魔《こあくま》

その名《な》はギガノトサウルス（りゃくしてギガノ）。

まだ子《こ》どもで、体《からだ》こそ小《ちい》さいが、おそろしい殺《ころ》し屋《や》であることにはちがいない。

「早《はや》く、あっちへにげな！」

パタゴのおばさんは、アホたちに向《む》かって、北《きた》のほうへにげろと教《おし》えた。

しかし、敵《てき》は目《め》ざとい。ザザザザーとしげみがゆれ、目《め》つきのするどい、肉食《にくしょく》きょうりゅうの王者《おうじゃ》ギガノの、小悪魔《こあくま》がすがたをあらわした。

「キキキキー！」

するどい声《こえ》をあげ、パタゴのおばさんが、小悪魔《こあくま》の前《まえ》におどりでた。びっくりした小悪魔《こあくま》は、そっちへ目《め》を向《む》けた。

「へっへっへー、そこのヒョットコワル。わたしをつかまえ

られるなら、つかまえてごらんよ。おまえみたいな、うすのろのヒョットコにゃ、とうていわたしをつかまえて食《た》べるなんて芸当《げいとう》は、できっこないよね」

それだけ、ののしられりゃ、小悪魔《こあくま》の頭《あたま》に血《ち》がのぼらないはずはない。

「グワッ！（このやろう）」

小悪魔《こあくま》は、パタゴのおばさんに、とびかかっていったが、おばさんは、するりとすりぬけて、にげた。小悪魔《こあくま》は、しゃにむに追《お》いかけた。

そのたびごとに、おばさんはすいすい

かわして、アホたちから
敵《てき》を遠《とお》ざけていく。
みごとなうでまえだ。
そんなパタゴおばさんの
おかげで、アホたちは、
ギガノの小悪魔《こあくま》から
のがれることができた。

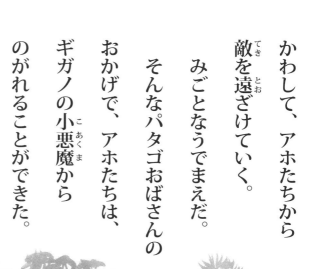

でも、もっとこわいギガノの親《おや》が、
どこかにいるはずだ。

水辺《みずべ》のあらそい

「にいちゃん……もう、帰《かえ》ろうよ」
なんだか心細《こころぼそ》くなったちびのンガは、
アホの顔《かお》を見《み》た。
そんなとき、木立《こだ》ちの向《む》こうに、
青々《あおあお》とひろがるぬまが見《み》え、水辺《みずべ》で

ギャアギャアさわいで、水遊《みずあそ》びをしている、きょうりゅうたちのすがたが目《め》にうつった。

クリトサウルス（りゃくしてクリト）の子《こ》どもたちだ。

クリトは、カモノハシリュウとよばれる草食《そうしょく》きょうりゅうで、口《くち》が鳥《とり》のカモのようなかたちをしていて、水泳《みずおよ》ぎもじょうずだ。

「わーい、おもしろそうだぜ、行《い》ってみよう」

アホはうれしくなり、さっさとぬまのほうへおりていった。

ンガはしかたなく、あとについていった。

水遊《みずあそ》びをしていたクリトの子《こ》どもたちは、
ひょこひょこやって来《く》るアホとンガを見《み》つけた。

「へんちくりんなやつらが来《き》たぜ」

クリトたちはいっせいに、アホたちのほうへ
目《め》を向《む》けた。

「コンチワ!」

アホは、クリトたちにあいさつをした。

「へへへへ……おまえ、うしろ足《あし》で立《た》てるかい?」

いわれてアホは、イヌがちんちんするように、

せいいっぱいしっぽをまげ、うしろ足《あし》で立《た》とうとした。……が、しっぱい！

「はははは……」

みんなにわらわれたアホは、かーっと頭《あたま》に血《ち》がのぼった。

「このやろう！」

アホはとうちゃんに教《おそ》わった、とくいの石《いし》けりで、ま正面《しょうめん》にいたクリトめがけて、強力《きょうりょく》な一ぱつをはなった。

「ギャーッ！」

とんできた石《いし》を、のう天《てん》にくらった相手《あいて》は、ひっくりかえった。

さあ、たいへん！　このようすを、近《ちか》くで見《み》ていたクリトの親《おや》たちは、大声《おおごえ》でわめきたて、とび出《だ》してきた。

「なんてことするんだ、このあほう！」

体《からだ》のでっかいクリトのとうちゃんは、アホをつかまえ、

クチバシでこつん！　と、力《ちから》いっぱい頭《あたま》をつつき、うしろ足《あし》ではらをけとばした。

「ゲエーッ！」

アホはいっしゅん、息《いき》がつまってころがった。そこへ、べつのおすが来《き》て、アホの首《くび》をくわえてぶんなげた。

アホはコロコロころがって、水《みず》の中《なか》へジャブーン！

「おいらのにいちゃんを、いじめるな！」

けなげにも、ちびのンガは、クリトのとうちゃんのスネにガブリ！　くらいついた。

「イテーッ！」

ふいをくらった相手《あいて》は、ひめいをあげると、
にげようとするンガの首《くび》ねっこをくわえて、
ぶーんとひとふり！　ンガのちっちゃな体《からだ》は、
空中《くうちゅう》をとんで、ぬまの中《なか》へドブーン！
アホもンガも、泳《およ》げない！
水《みず》の中《なか》でアップアップ、水《みず》をのんで、
いまにもおぼれそう。
そこへ、たすけ船《ぶね》があらわれた。
「ほれ、おいらの背中《せなか》にのりな！」
水中《すいちゅう》からプカーッとうきあがって、

すがたを見《み》せたのは、このぬまの主《ぬし》として知《し》られる、大《おお》ワニのじいちゃん。

アホとンガは、ワニの背中《せなか》にはいあがって、ホッ！

「おい、クリトのばか者《もの》ども！よってたかって、泳《およ》ぎもできないちびをいじめるんじゃないぜ」

ワニのじいちゃんは、水辺《みずべ》のクリトたちに向《む》かってさけんだ。

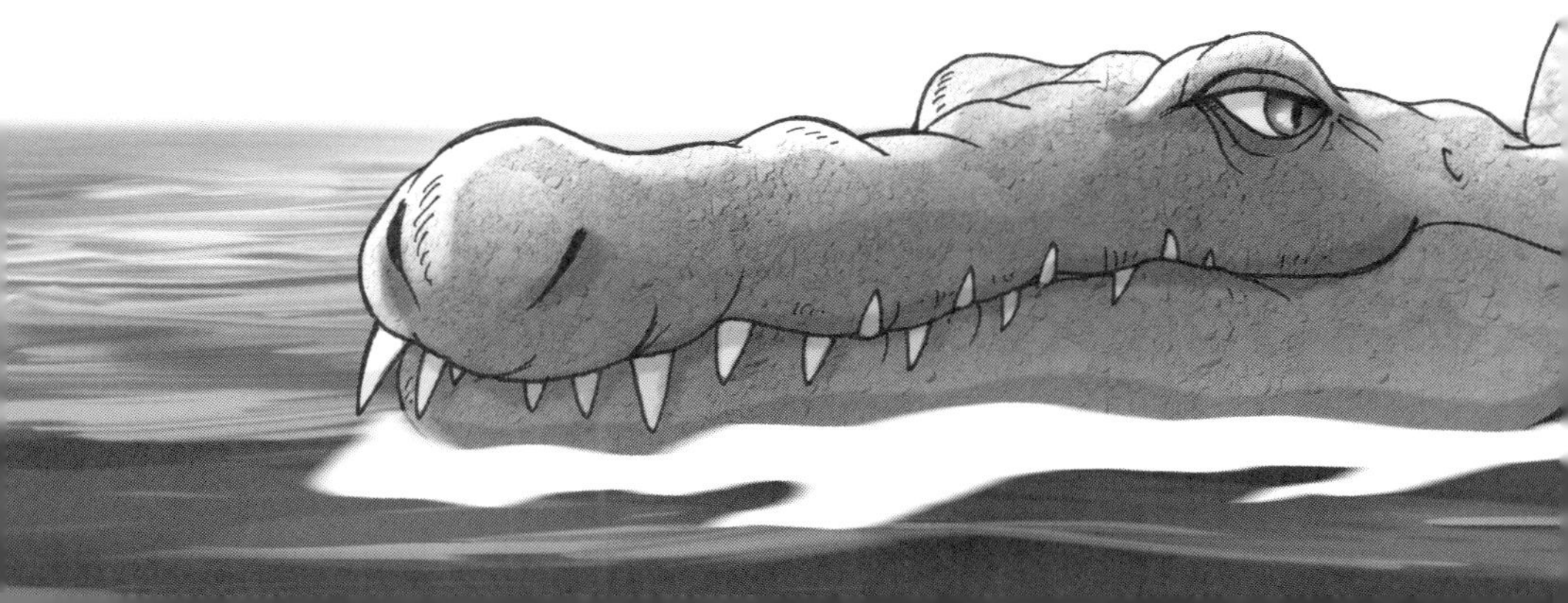

小悪魔《こあくま》たちのしゅうげき

だれもが、水辺《みずべ》のさわぎに気《き》をとられ、けいかいが
おろそかになっていたそのとき、森《もり》のほうから、
足《あし》ばやにせまってくる一団《いちだん》があった。
アホたちが森《もり》で出《で》あった、あの小悪魔《こあくま》のギガノだ。
しかも一ぴきじゃない、なんと、おとなのめすに
ひきいられた、一〇ぴきほどの子《こ》ども集団《しゅうだん》だ。
やつらは、水辺《みずべ》にたむろしているクリトたち

めがけて、いっせいに、しかも全速力《ぜんそくりょく》でかけてきた。

「ケケケケーッ！（敵《てき》だ、にげろ）」

クリトたちが気《き》づいて、あわてだしたときには、もうおそかった。

小悪魔《こあくま》たちは、大混乱《だいこんらん》のクリトたちにおそいかかり、子《こ》どもといわずおとなといわず、とびかかって、するどいツメを使《つか》い、キバを立《た》ててかみついた。

おとなのクリトには、小悪魔《こあくま》をひきいているめすと五、六ぴきが、背中《せなか》や首《くび》、しっぽ、そしてはらや足《あし》にかみついてひきたおした。

クリトたちのひめいと、ギガノどものうなり声《ごえ》がいりまじり、あたりをつつんだ。クリトたちの中《なか》には、とっさに、ぬまにとびこんでにげ、いのちびろいするのもいた。さいわい、クリトは泳《およ》げるからだ。

「ゆだん大敵《たいてき》！　おめえたちを、ひどいめにあわせたむくいだ。かわいそうに……」

背中《せなか》にアホとンガをのせた大《おお》ワニのじいちゃんは、ぬまに体《からだ》をうかせたまま、目《め》をおいたくなるような、すさまじいようすに、ぽつんとつぶやくようにいった。

アホとンガは、はじめて出《で》あったおそろしい光景《こうけい》に、

ぶるぶるとふるえていた。
「にいちゃん、おれ、うちに帰《かえ》りたい」
ンガは、なきべそをかきながら、
アホにいった。
アホだって、思《おも》いは同《おな》じだ。
「あ、そうそう、背中《せなか》のお客《きゃく》さんの
ことをすっかりわすれていた。
ところでおめえら、いったい
どっから来《き》たんだ」
大《おお》ワニのじいちゃんは、思《おも》い出《だ》した

ように、ふたりにたずねた。

「あっちのほうだよ」

アホは、森《もり》の方角《ほうがく》へ首《くび》をのばしていった。

「どうやら、かなり遠《とお》くから来《き》たようだが、子《こ》どもなのにたいした度胸《どきょう》だ。……こうなりゃ、のりかかった船《ふね》だ。わしがとちゅうまでおくってやろう。しっかり背中《せなか》にのっかってるんだぞ」

ワニのじいちゃんはそういうと、くるりと向《む》きをかえ、すーいと泳《およ》ぎだした。

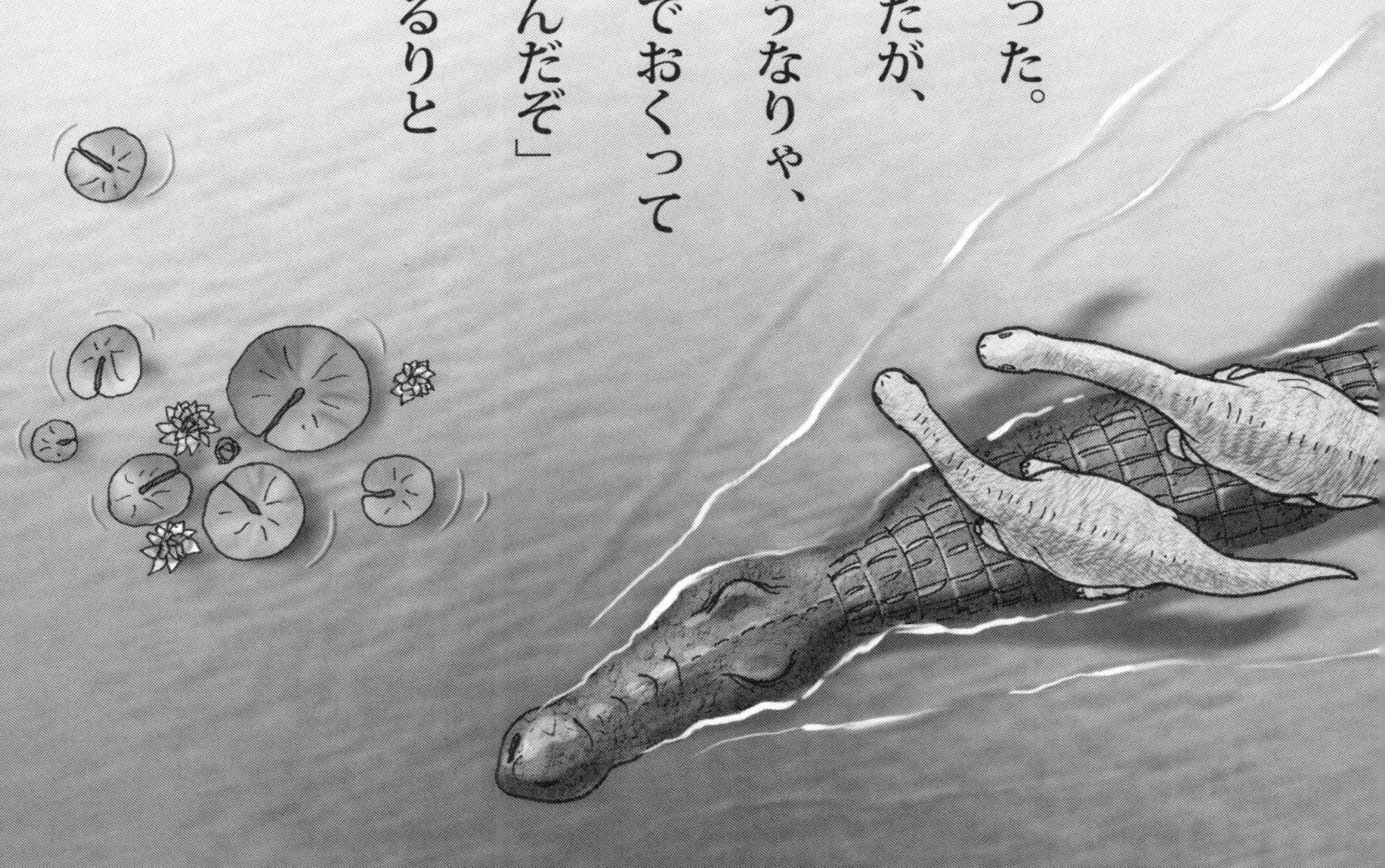

とうちゃん大《だい》かつやく

「さあ、ここの岸《きし》からだと、おまえらのすみかは近《ちか》いはずだ。ようじんして帰《かえ》るんだぞ」

ワニのじいちゃんは、森《もり》のはずれまでふたりをつれていってくれた。

「ありがとう。ここからだと、おれたち、ちゃんとうちへ帰《かえ》れるよ」

アホもンガもよろこんで、ワニの

じいちゃんにおれいをいってわかれた。

木立《こだ》ちのまばらな林《はやし》をぬけると、もうすぐすみかだ。

やれやれ……。だが、ゆく手《て》に大《おお》きな落《お》としあなが待《ま》ちうけていた。なんと、ふたりがとおっていく林《はやし》の中《なか》に、こんどは、おすのでっかいギガノが、しっぽをのばしてひるねをしていたのだ。

林《はやし》の草《くさ》の中《なか》に横《よこ》たわっているとはいえ、おそろしい

殺《ころ》し屋《や》に気《き》がつかないなんて、
まったくトンマな話《はなし》だ。
だが、アホもンガも先《さき》を急《いそ》いでいた。
こわいかあちゃんの顔《かお》が目《め》の前《まえ》に
ちらついて、ねているギガノのしっぽの
先《さき》を見《み》おとしたのだ。
アホが先《さき》にふんづけた。ごていねいに、
ンガがそのあとをふんだ。
たのしいゆめを見《み》ながら、ねむりこんで
いた殺《ころ》し屋《や》は、目《め》をさましてとびおきた。

「ンンンー、グワー」

あくびとも、ほえ声《ごえ》ともつかない、まぬけ声《ごえ》をあげた殺《ころ》し屋《や》は、目《め》の前《まえ》をアルゼンのちび二ひきが、「キキキキキー（たすけてー）」と、ひめいをあげてかけだしていくのを見《み》た。

ちょうどそのとき、ふたりをさがして林《はやし》のはずれにいた、ちびたちのとうちゃんも、その声《こえ》を聞《き》いた。

「グワーッ！（殺《ころ》してやる）」

殺《ころ》し屋《や》はあらためて、ふたりをおどし、つかまえようとした。ふたりは、むちゅうでにげ、林《はやし》をとび出《だ》した。

とうちゃんは見《み》た。にげてくるちびふたりと、おそろしい殺《ころ》し屋《や》のすがたを……。

とうちゃんは立《た》ちどまり、石《いし》を見《み》つけて足《あし》の位置《いち》をさだめた。必中《ひっちゅう》のねらいを殺《ころ》し屋《や》の顔《かお》に向《む》けると、力《ちから》いっぱい右足《みぎあし》で石《いし》をけった。

ピューッ！

石《いし》は風《かぜ》を切《き》り、うなりをたてて

空《くう》をとんだ。
「ギャ――ッ」
出《で》ばなをくじかれた
殺《ころ》し屋《や》ギガノのひめい！
石《いし》は、みごとに殺《ころ》し屋《や》の
左目《ひだりめ》に命中《めいちゅう》し、血《ち》の花《はな》が
空中《くうちゅう》にとびちった。
殺《ころ》し屋《や》がひるんだすきに、
アホとンガは、とうちゃんの
ところへかけよった。

だが、左目《ひだりめ》をつぶされたくらいで、ひるむ相手《あいて》ではない。
ギガノは、のこった右目《みぎめ》をカッ！　と見《み》ひらき、こんどは、
とうちゃんに向《む》かって、とびかかってきた。
このとき、アホはすばやく石《いし》を見《み》つけ、右足《みぎあし》の位置《いち》を
さだめて、相手《あいて》の顔《かお》に向《む》けて一げきをはなった。
とうちゃんに教《おし》えられたとおりのわざだ。
石《いし》は空《くう》を切《き》り、風《かぜ》のうなりとともにとび、
殺《ころ》し屋《や》ギガノの右目《みぎめ》に命中《めいちゅう》した。
「ギャーッ」という、殺《ころ》し屋《や》のひめい！
その声《こえ》を聞《き》きながら、とうちゃんとちびたちは

にげた。あともふり返《かえ》らず、
むちゅうで走《はし》った。

もう、殺《ころ》し屋《や》につかまることはないという
ところまで来《く》ると、とうちゃんはいった。
「さあ、うるさいかあちゃんが
待《ま》ってるぞ。早《はや》く行《い》ってやれ！」
「とうちゃんは？」
「これでバイバイだ。だが、石《いし》けりの
練習《れんしゅう》はおこたるなよ。ときどき、きたえにくるからな」
とうちゃんはそういうと、片目《かため》でふたりにウインク。
ドス、ドス、ドス……大《おお》きな体《からだ》をゆすって、たのしそうに
歩《ある》きさっていった。

なぞとき これがアルゼンチノサウルスだ

ARGENTINOSAURUS

パタゴニアのきょうりゅう墓場《はかば》

アルゼンチノサウルス「アホ」たちのものがたりは、いかがでしたか。

それにしても、きょうりゅうが石《いし》けりをするなんて、びっくりしたでしょう。

もちろん、それは作者《さくしゃ》の想像《そうぞう》で、ものがたりとしてえがいたものです。大型《おおがた》の草食《そうしょく》きょうりゅうたちは、肉食《にくしょく》きょうりゅうのしゅうげきから身《み》を守《まも》るために、なんらかのことを

全長《ぜんちょう》は あまり変《か》わりませんが
体《からだ》のつくりは ずいぶん ちがっていました

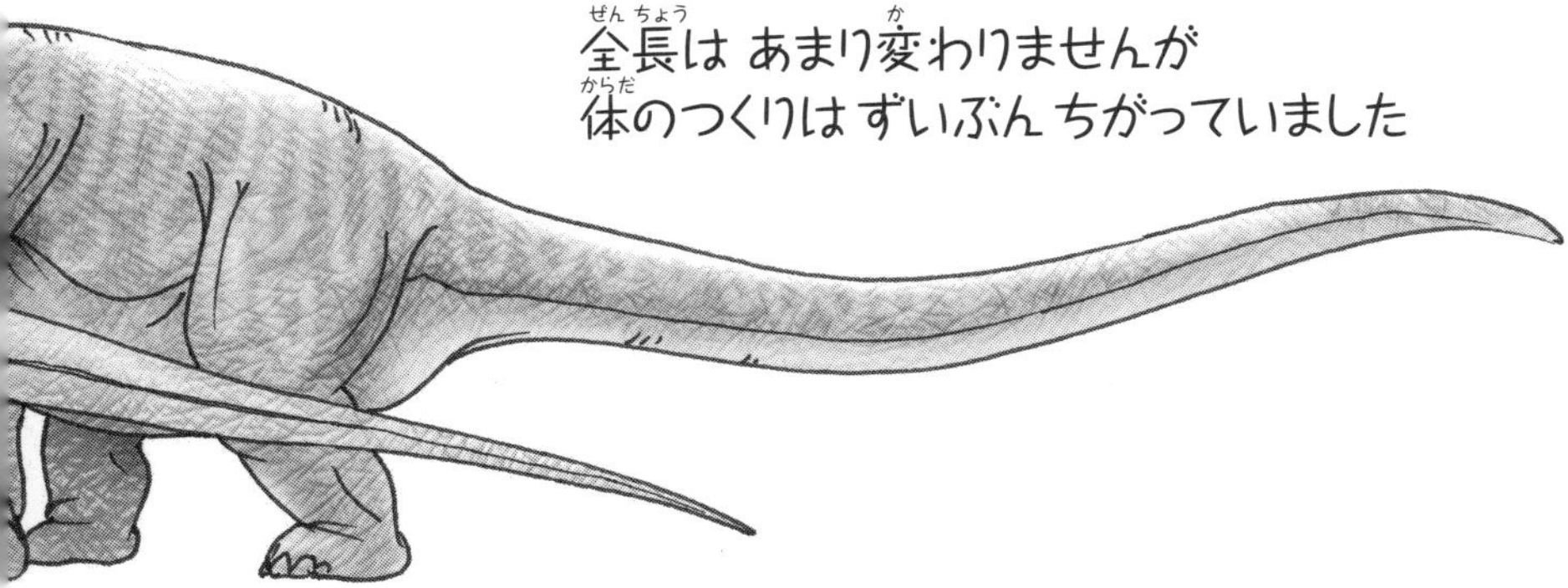

アルゼンチノサウルス　全長《ぜんちょう》40メートル　体重《たいじゅう》100トン

したのではないか、という思《おも》いから考《かんが》えついたのが石《いし》けりでした。

　ものがたりの主役《しゅやく》アルゼンチノサウルスは、その名《な》のとおり、南《みなみ》アメリカのアルゼンチンで発見《はっけん》された、大型《おおがた》の草食《そうしょく》きょうりゅうです。これまでに、背骨《せぼね》や足《あし》の骨《ほね》の一部《ぶ》が発見《はっけん》されているだけですが、その大《おお》きさやかたちから、全長《ぜんちょう》四〇メートル、体重《たいじゅう》はなんと、一〇〇トンはあっただろうといわれています。

　ものがたりの中《なか》で、鳥《とり》のパタゴおばさんは、「ドデカイ」とよんでいましたよね。

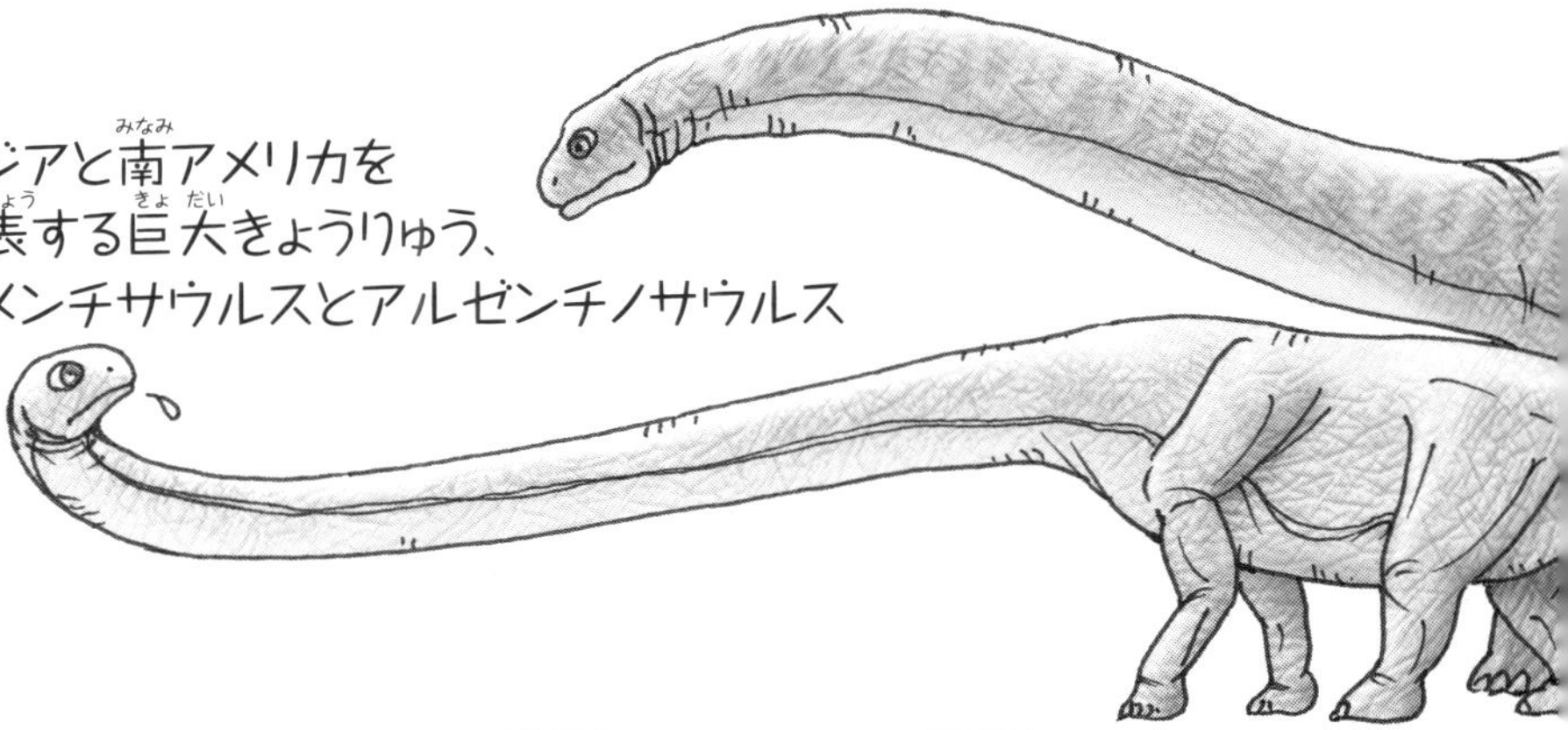

アジアと南《みなみ》アメリカを
代表《だいひょう》する巨大《きょだい》きょうりゅう、
マメンチサウルスとアルゼンチノサウルス

マメンチサウルス　全長《ぜんちょう》35メートル　体重《たいじゅう》50トン

このほか、ものがたりでは、肉食《にくしょく》きょうりゅうで、小悪魔《こあくま》とおそれられた、子《こ》どものギガノトサウルス（ギガノ）や、おとなのギガノ殺《ころ》し屋《や》、それに大型草食《おおがたそうしょく》きょうりゅうクリトサウルス（クリト）、鳥《とり》のパタゴプテリクス（パタゴ）などが、ものがたりをもりあげる役者《やくしゃ》としてとうじょうしました。それぞれについては、あとで、そのとくちょうなどにふれたいと思《おも》います。

これらの、あまり聞《き》きなれないきょうりゅうたちは、すべて一九八〇年代《ねんだい》から、九〇年《ねん》

代《だい》にかけて、おもに南米《なんべい》アルゼンチン南部《なんぶ》のパタゴニア地方《ちほう》で発見《はっけん》された、新顔《しんがお》のきょうりゅうたちです。

南米大陸《なんべいたいりく》の南端《なんたん》にひろがるパタゴニア台地《だいち》には、川《かわ》が縦横《じゅうおう》に走《はし》り、はばの広《ひろ》い谷《たに》がひろがっています。

川《かわ》ぞいの土地《とち》だけが畑《はたけ》で、あとはあれはてた台地《だいち》が、砂漠《さばく》のようにつづいています。

いまでは、だれも足《あし》をふみいれることのない、ゴツゴツした岩《いわ》の台地《だいち》も、この本《ほん》のものがたりの舞台《ぶたい》となった七千万年前《せんまんねんまえ》（中生代《ちゅうせいだい》・

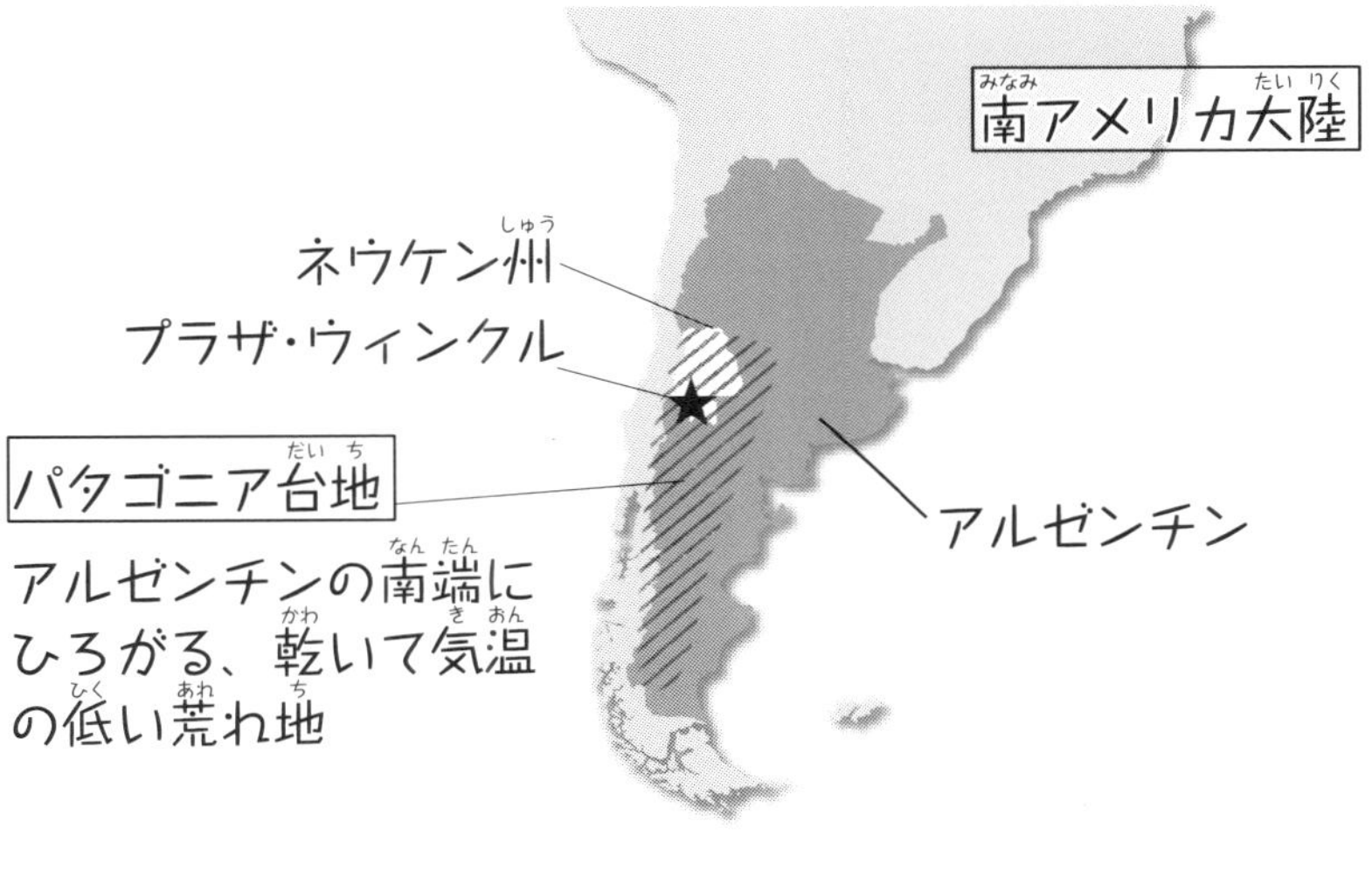

白亜紀後期《はくあきこうき》）には、植物《しょくぶつ》もしげり、草食《そうしょく》きょうりゅうたちにとっては、とてもすみやすいところでした。

とうぜんのこと、それら草食《そうしょく》きょうりゅうをねらっておそいかかる、肉食《にくしょく》きょうりゅうもまた、さかえました。

たいへんおもしろいのは、同《おな》じころ、アフリカ大陸《たいりく》や南極大陸《なんきょくたいりく》にも、南米《なんべい》アルゼンチンで発見《はっけん》されたきょうりゅうと似《に》たきょうりゅうが、発見《はっけん》されていることです。これはいったい、どういうわけなのでしょうか？

Ⓐ

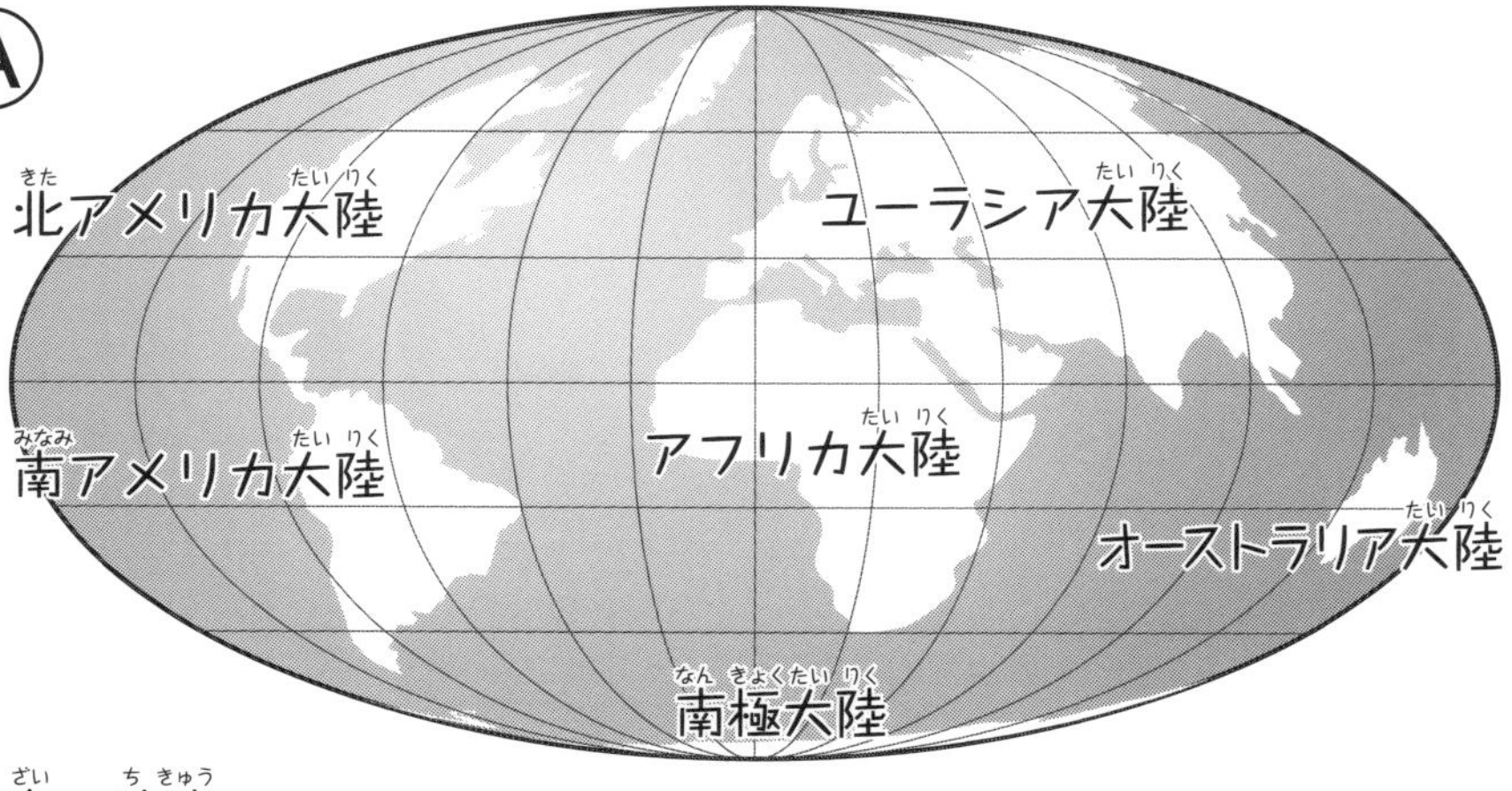

現在《げんざい》の地球《ちきゅう》

大陸《たいりく》はうごいている

まず、下《した》の地図《ちず》をごらんください。

Ⓐは、現在《げんざい》の地球《ちきゅう》の地形《ちけい》をあらわしています。

大《おお》きくわけてユーラシア大陸《たいりく》、アフリカ大陸《たいりく》、アメリカ大陸《たいりく》（北《きた》・南《みなみ》）、オーストラリア大陸《たいりく》、南極大陸《なんきょくたいりく》の、五つの大陸《たいりく》です。

Ⓑは、いまからおよそ九千万年前《せんまんねんまえ》（中生代《ちゅうせいだい》・白亜紀《はくあき》）の地形《ちけい》です。

Ⓑ

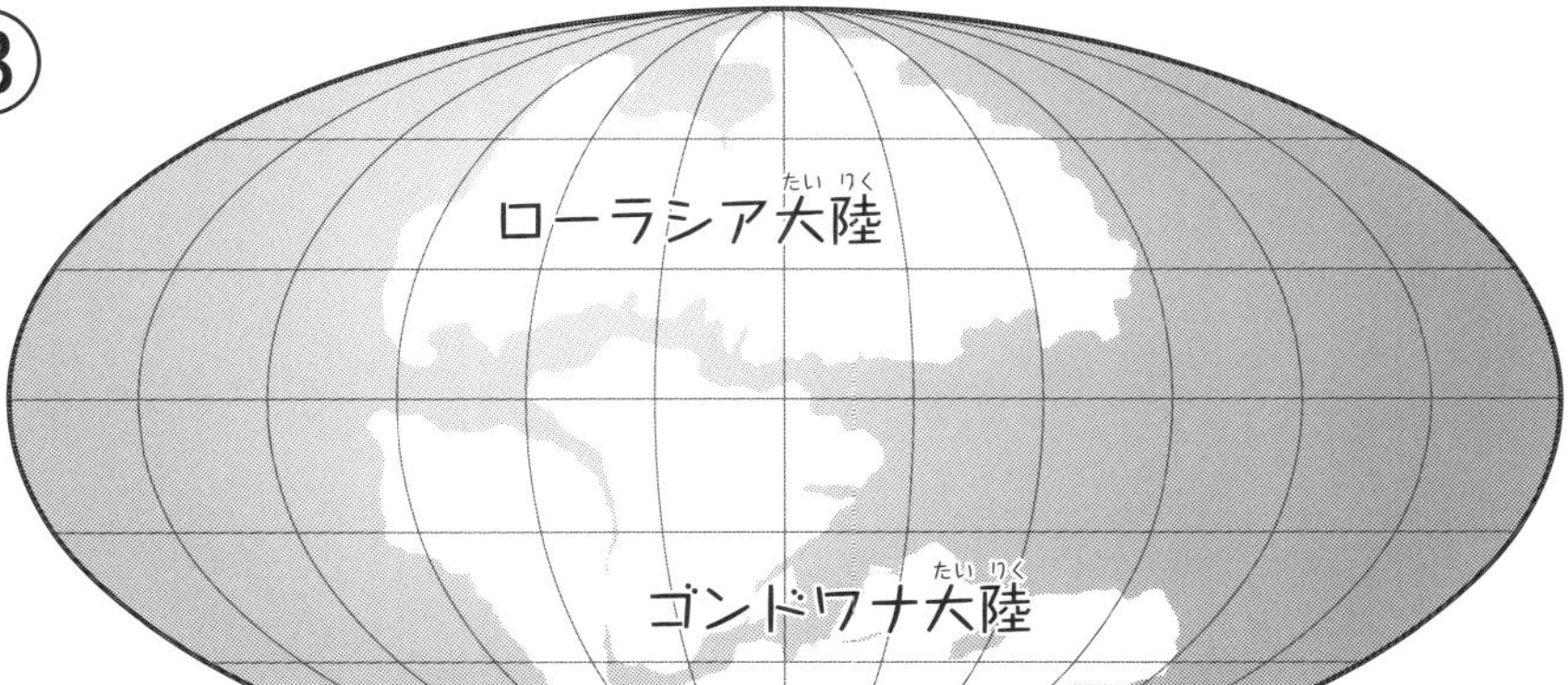

白亜紀《はくあき》（9000万年前頃《まんねんまえごろ》）の地球《ちきゅう》

ごらんのように、現在《げんざい》のヨーロッパ、アジア、そして北《きた》アメリカは、一つにつながった大《おお》きな大陸《たいりく》でした。この大陸《たいりく》は、「ローラシア」とよばれています。

いっぽう、いまのアフリカ、インド、オーストラリア、南《みなみ》アメリカ、南極《なんきょく》も、一つにまとまった大陸《たいりく》で、「ゴンドワナ」とよばれています。

なんと、九千万年《せんまんねん》もの長《なが》いあいだに、陸地《りくち》がうごいて地形《ちけい》がかわり、いまのようなすがたになったのです。

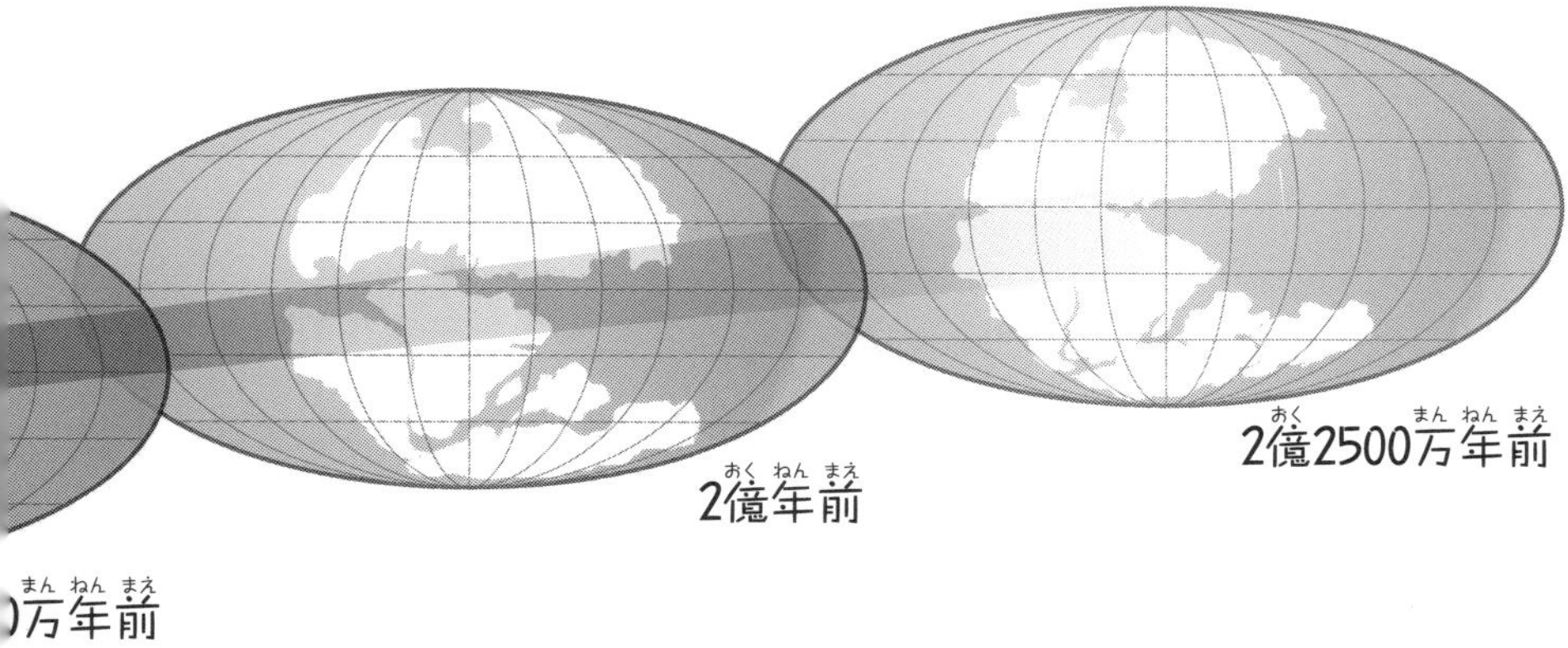

二〇世紀《せいき》のはじめ、ドイツ人科学者《じんかがくしゃ》ウェゲナーが、大陸《たいりく》はうごいている――「大陸移動説《たいりくいどうせつ》」をとなえたとき、多《おお》くの人《ひと》たちは、ウェゲナーを「ホラふき」と非難《ひなん》しました。

いまの世界地図《せかいちず》をよくながめてみると、ヨーロッパやアフリカの西側海岸線《にしがわかいがんせん》と、南北《なんぼく》アメリカの東側海岸線《ひがしがわかいがんせん》とは、まるでジグソーパズルのように、ぴったりくっつくことがわかります。

ウェゲナーが注目《ちゅうもく》したのは、まずそのことでした。

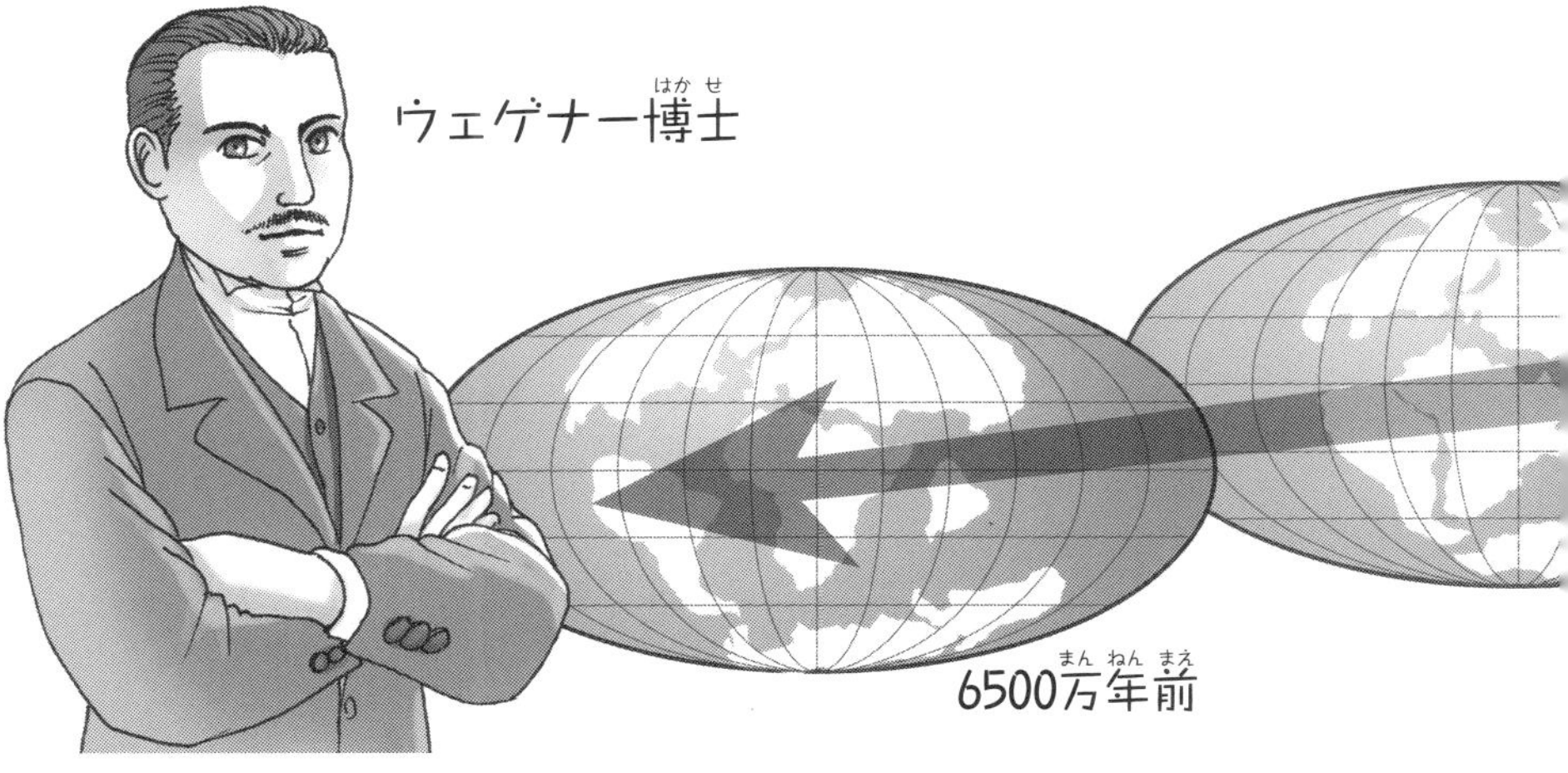

もともと、大《おお》むかし、これらの大陸《たいりく》はくっついていて、陸地《りくち》がうごいたことで、いまのようなかたちになったのだ、というのがウェゲナーの考《かんが》えでした。

ただ、なぜ陸地《りくち》がうごいてそうなったか、みんなをなっとくさせる、科学的《かがくてき》な説明《せつめい》を欠《か》いていましたから、ウェゲナーのとなえた「大陸移動説《たいりくいどうせつ》」は、たんなる空想《くうそう》だと、かたづけられてしまったのです。

考《かんが》えてみると、大《おお》きな大陸《たいりく》が、そうかんたんにうごいたり、くっついたりするはずがあ

りません。

それこそ、とてつもなく大《おお》きな力《ちから》（エネルギー）を必要《ひつよう》とするはずです。そのエネルギーは、どこから来《く》るのか？

ウェゲナーが「大陸移動説《たいりくいどうせつ》」をいいだした一九一〇年代《ねんだい》の科学《かがく》は、まだそのナゾをときあかすことができませんでした。しかし、科《か》学者《がくしゃ》たちのたゆまぬ研究《けんきゅう》は、地球《ちきゅう》という一つの天体《てんたい》について、さまざまな角度《かくど》から、そのナゾにせまっていきました。

こうして、一九七〇年代《ねんだい》から八〇年代《ねんだい》にか

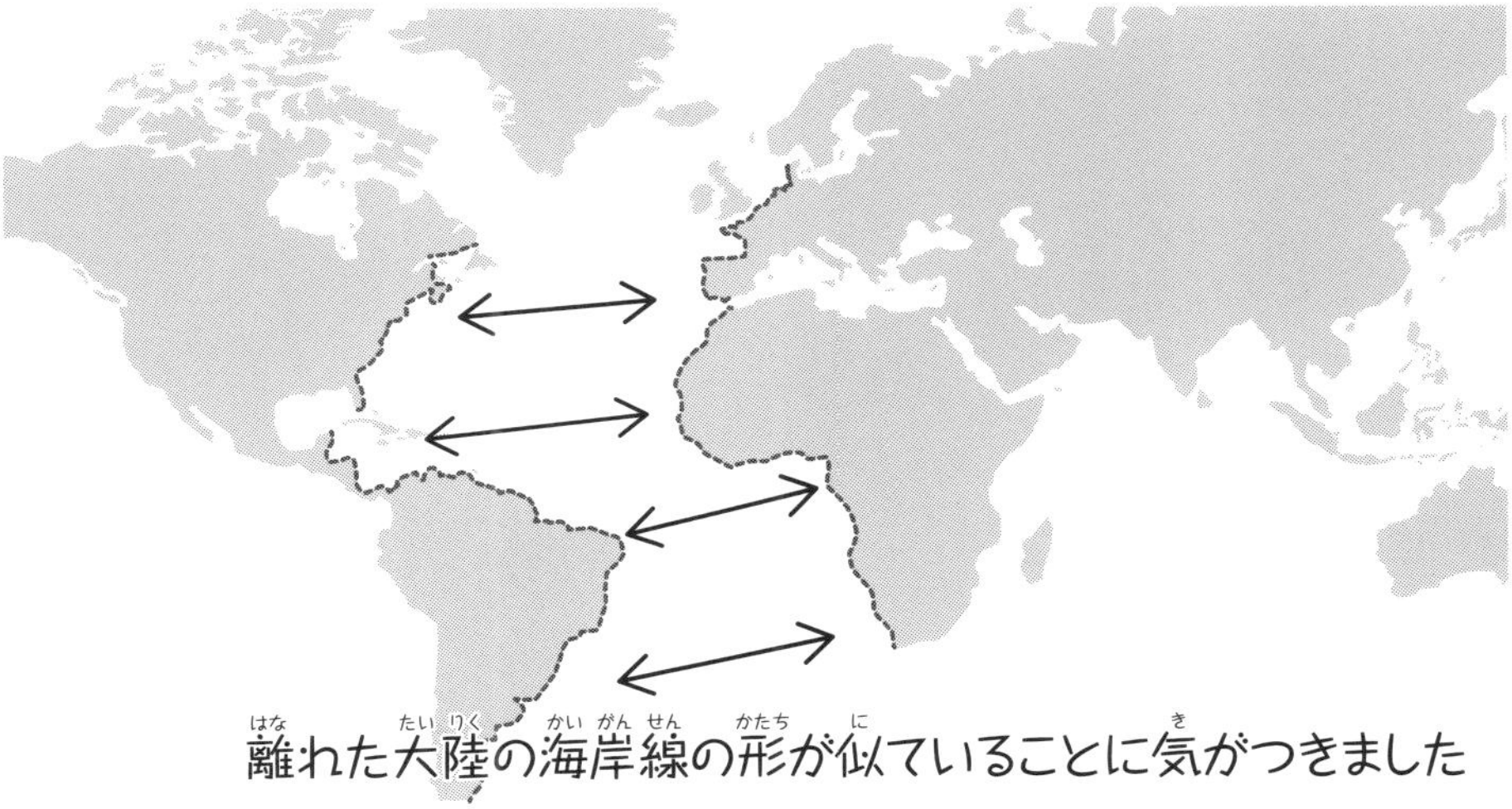

離《はな》れた大陸《たいりく》の海岸線《かいがんせん》の形《かたち》が似《に》ていることに気《き》がつきました

けて、「大陸《たいりく》はうごいている」というウェゲナーの説《せつ》を、ようやくときあかすことができたのです。

大陸《たいりく》はなぜうごく？

地球《ちきゅう》は、太陽《たいよう》や火星《かせい》や月《つき》などの天体《てんたい》と同《おな》じように、円《まる》い球体《きゅうたい》です。そして、内部《ないぶ》は大《おお》きく三つにわかれることが、あきらかになっています。

タマゴにたとえると、カラにあたる部分《ぶぶん》が

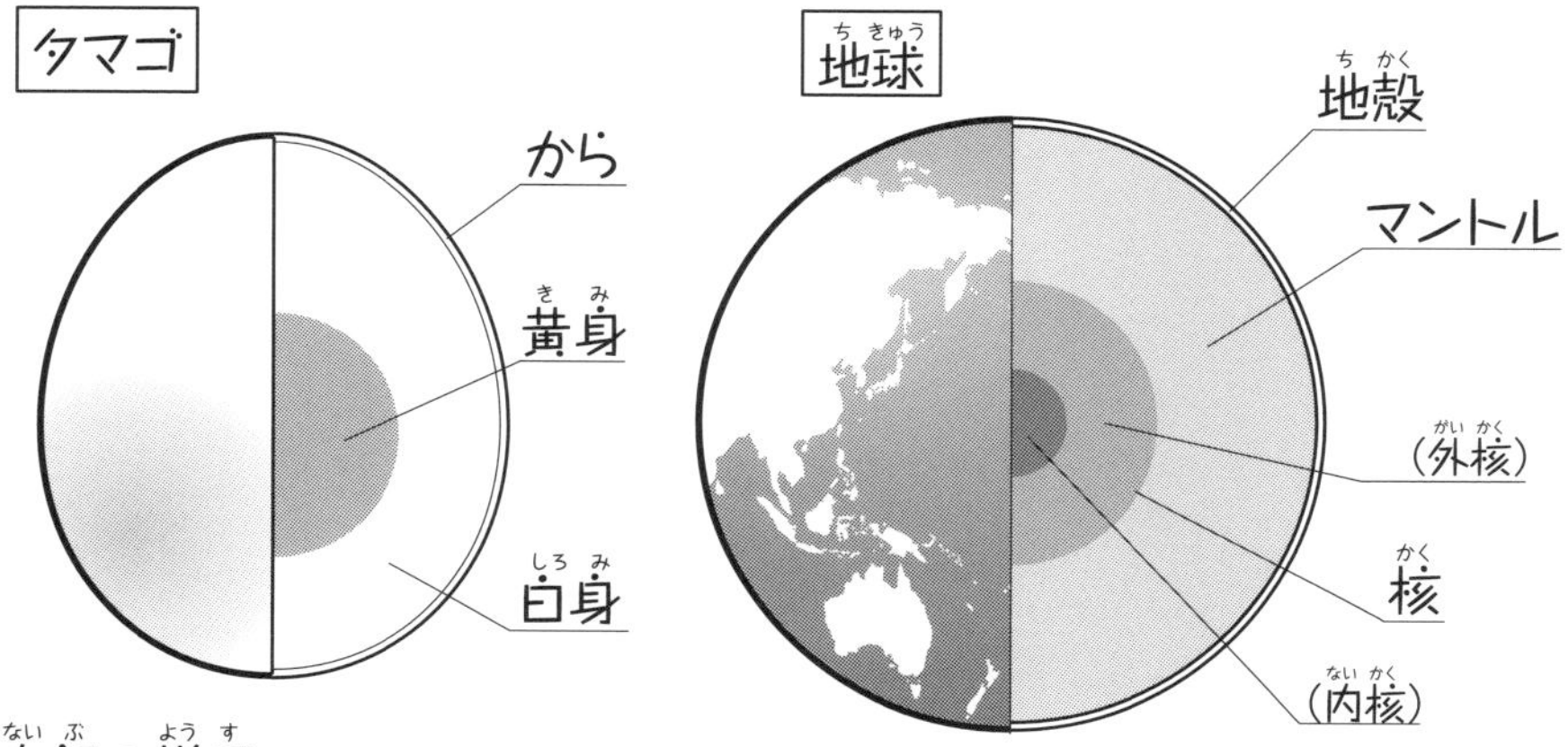

内部《ないぶ》の様子《ようす》

「地殻《ちかく》」とよばれ、わたしたちが足《あし》をつけている地表《ちひょう》から、およそ三〇〜六〇キロもの深《ふか》さがあると考《かんが》えられています。

「地殻《ちかく》」の下《した》には、「マントル」とよばれる、タマゴでいえば白身《しろみ》にあたる部分《ぶぶん》があり、いろいろな鉱物《こうぶつ》でできています。

そしてまん中《なか》が、タマゴでいえば黄身《きみ》にあたる「核《かく》」で、高温《こうおん》でどろどろにとけた部分《ぶぶん》です。

核《かく》の高《たか》い温度《おんど》のため、その上《うえ》のマントルは、液体《えきたい》になって、とけてうごきます。マントル

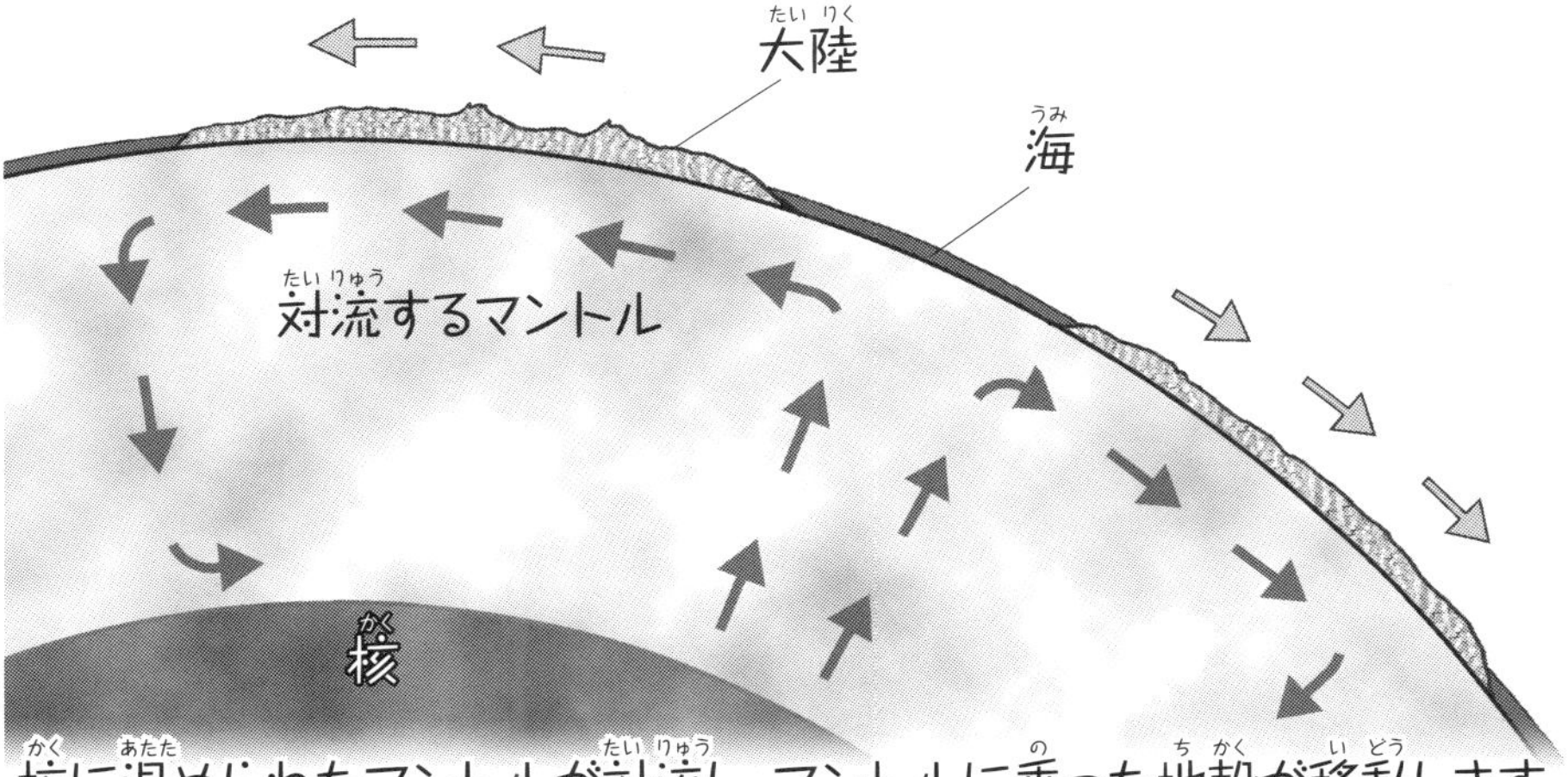

核《かく》に温《あたた》められたマントルが対流《たいりゅう》し、マントルに乗《の》った地殻《ちかく》が移動《いどう》します

の上《うえ》には、地殻《ちかく》がのっていますから、マントルのうごきによって、地殻《ちかく》もひきずられてうごくわけです。

ウェゲナーのとなえた「大陸《たいりく》はうごく」という考《かんが》えは、このような地球内部《ちきゅうないぶ》のなりたちによって、ようやく説明《せつめい》ができるようになりました。

きょうりゅうの移動《いどう》

いまから、およそ三億年前《おくねんまえ》から二億年前《おくねんまえ》ご

今《いま》も1年《ねん》に数《すう》センチ〜10センチぐらいの速《はや》さで大陸《たいりく》は移動《いどう》しています

ろの地球《ちきゅう》は、下《した》の図《ず》のようなかたちをしており、「パンゲア」とよばれています。

きょうりゅうが地球上《ちきゅうじょう》にあらわれたのは、およそ二億《おく》三千万年前《ぜんまんねんまえ》ごろですから、パンゲアには、もうすでに、きょうりゅうがいたことになります。

パンゲアは、一つにまとまった大《おお》きな大陸《たいりく》ですから、きょうりゅうたちは、どこへでも自由《じゆう》に移動《いどう》できたわけです。

およそ一億《おく》七千万年前《せんまんねんまえ》（中生代《ちゅうせいだい》・ジュラ紀《き》）には、パンゲア大陸《たいりく》のほとんどのところにき

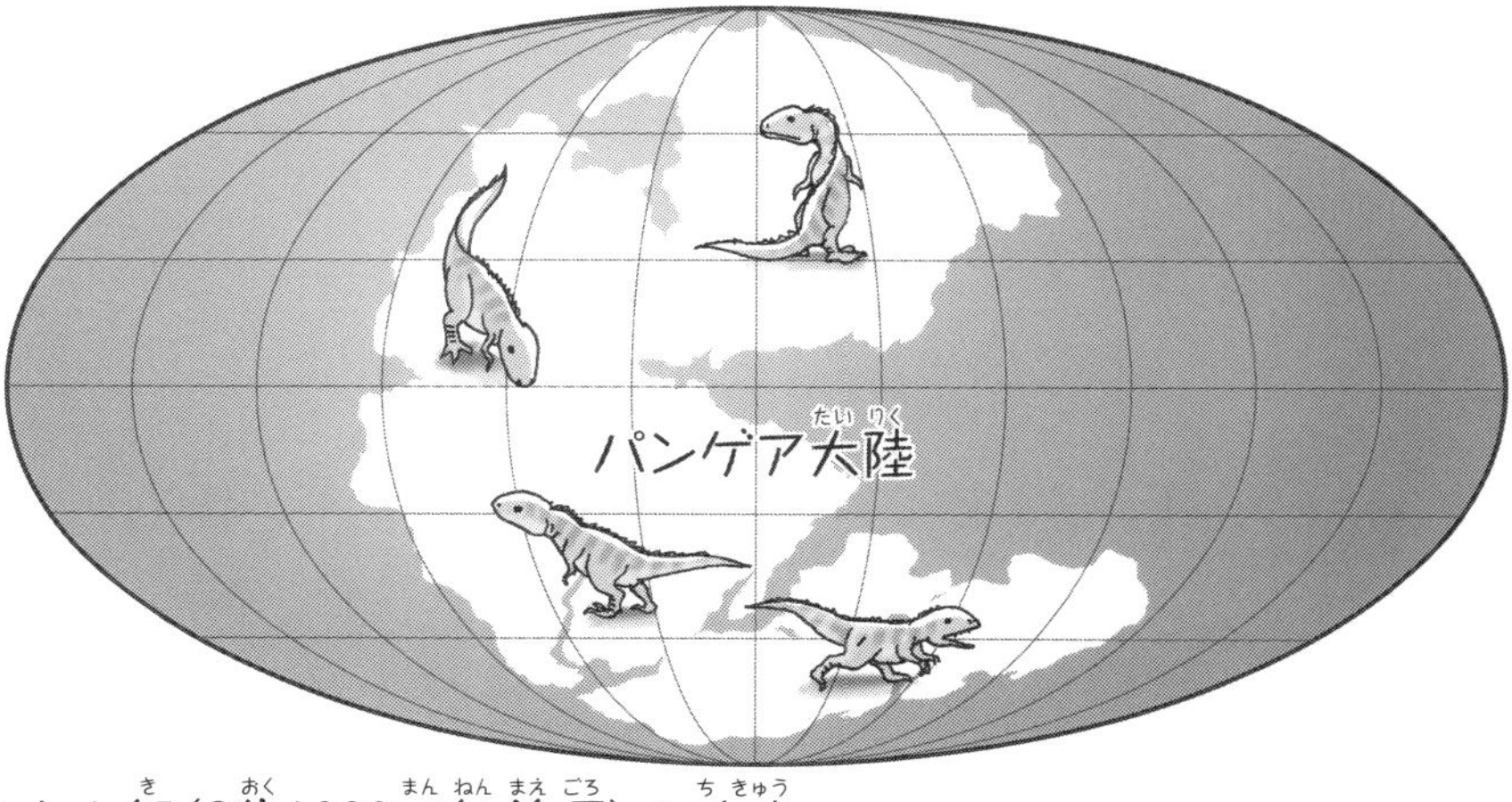

ペルム紀《き》（2億《おく》6000万年前頃《まんねんまえごろ》）の地球《ちきゅう》

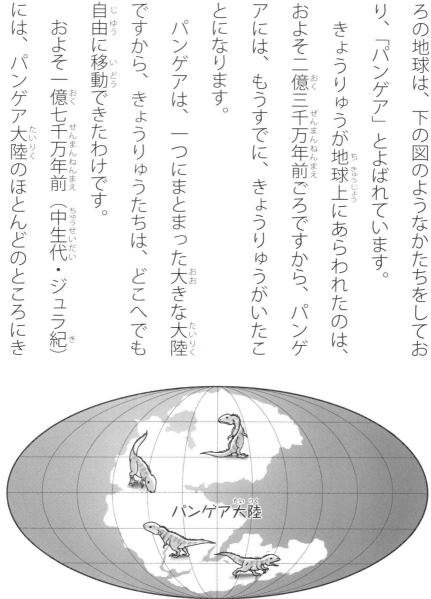

ようりゅうたちがちらばっていったと思《おも》われます。

やがて、一億《おく》五千万年前《せんまんねんまえ》ごろから、マントルの移動《いどう》とともに、地殻《ちかく》に大《おお》きな変動《へんどう》がおこり、パンゲア大陸《たいりく》はローラシアとゴンドワナの二つの大陸《たいりく》にわかれました。このとき、きょうりゅうたちは、移動《いどう》した二つの大陸《たいりく》にわかれてすむようになったのです。

したがって、かつてはゴンドワナ大陸《たいりく》の一部《ぶ》だった、いまの南《みなみ》アメリカ、アフリカ、オーストラリア、南極《なんきょく》などから、同《おな》じなかまの

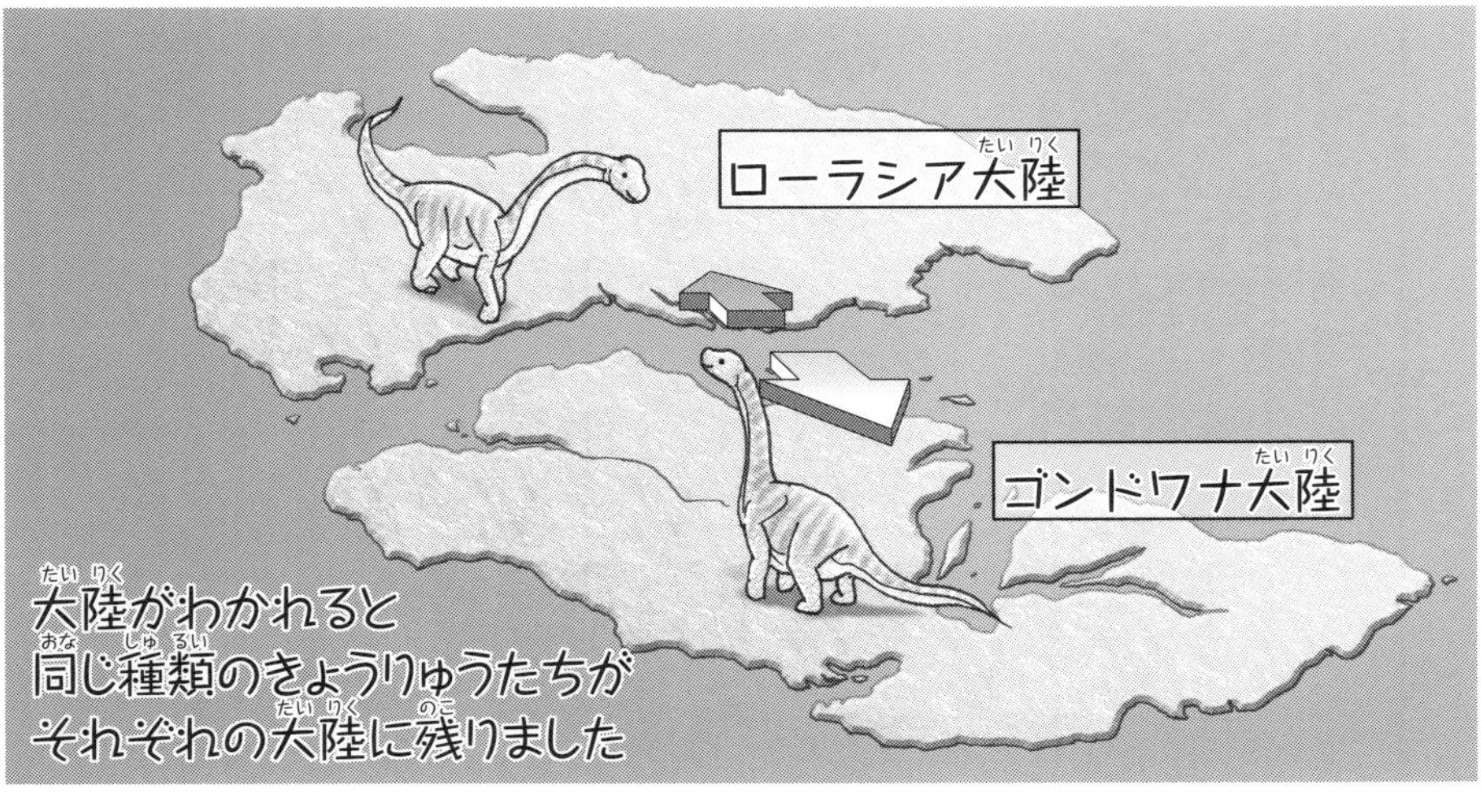

きょうりゅうたちが発見《はっけん》されるのは、そのためです。

たとえば、この本《ほん》のものがたりで、悪役《あくやく》としてとうじょうした「ギガノ」ことギガノトサウルスは、北《きた》アフリカのモロッコで発見《はっけん》された「カルカロドントサウルス」というきょうりゅうと、体《からだ》つきも骨《ほね》のようすも、たいへんよく似《に》ています。

発掘《はっくつ》にあたった古生物学者《こせいぶつがくしゃ》は、かつてゴンドワナ時代《じだい》に、アフリカと南《みなみ》アメリカとが陸《りく》つづきだったころ、この二つのきょうりゅう

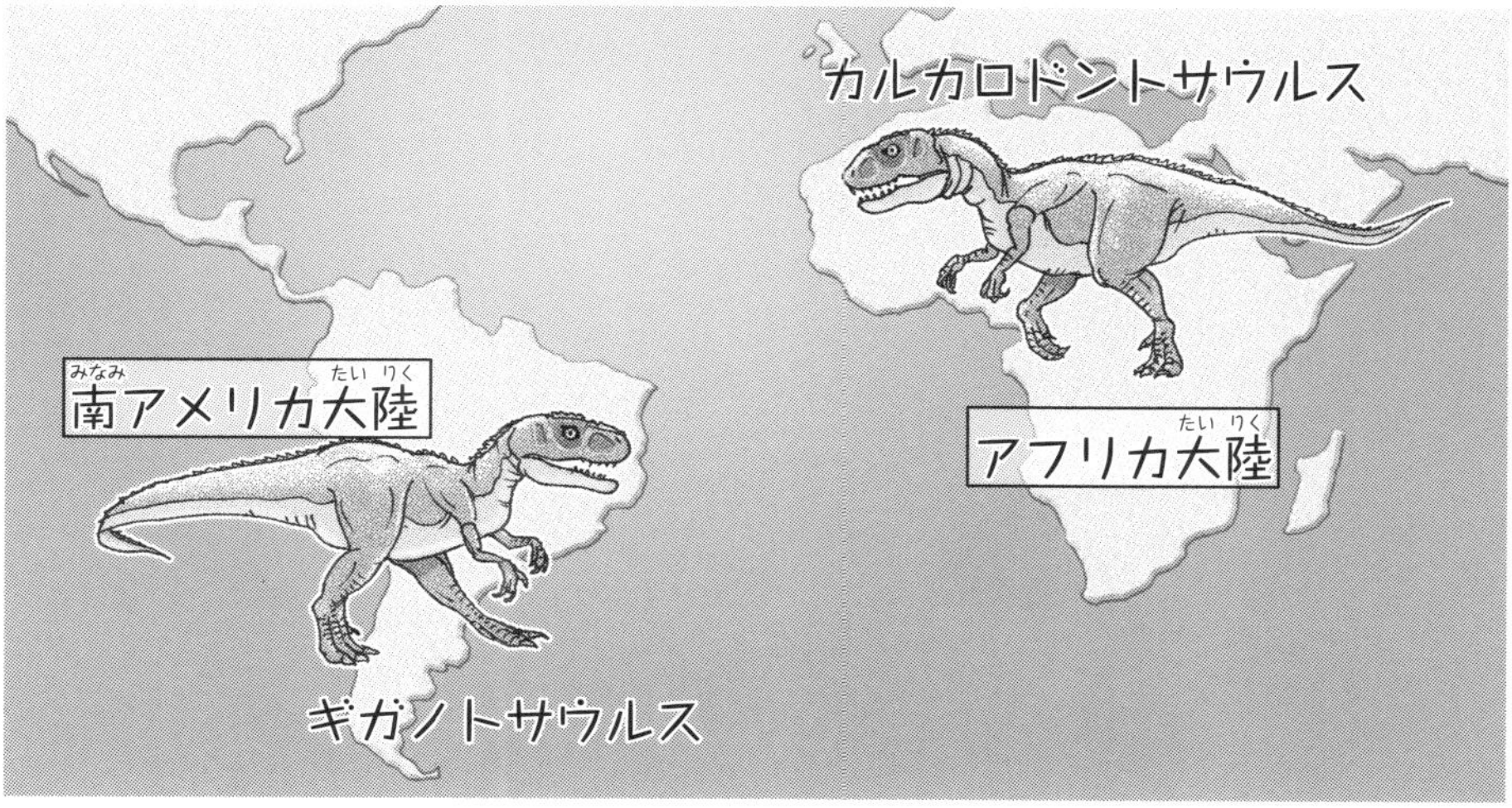

は、同《おな》じなかまだっただろう、といっています。

いっぽう、ものがたりの中《なか》にとうじょうしたクリトサウルスは、もともとゴンドワナ大《たい》陸《りく》にはいませんでしたが、およそ七千万年《せんまんねん》前《まえ》、南北《なんぼく》アメリカが一時的《いちじてき》に陸《りく》つづきになったときに、北《きた》アメリカからわたってきたのではないか、といわれています。

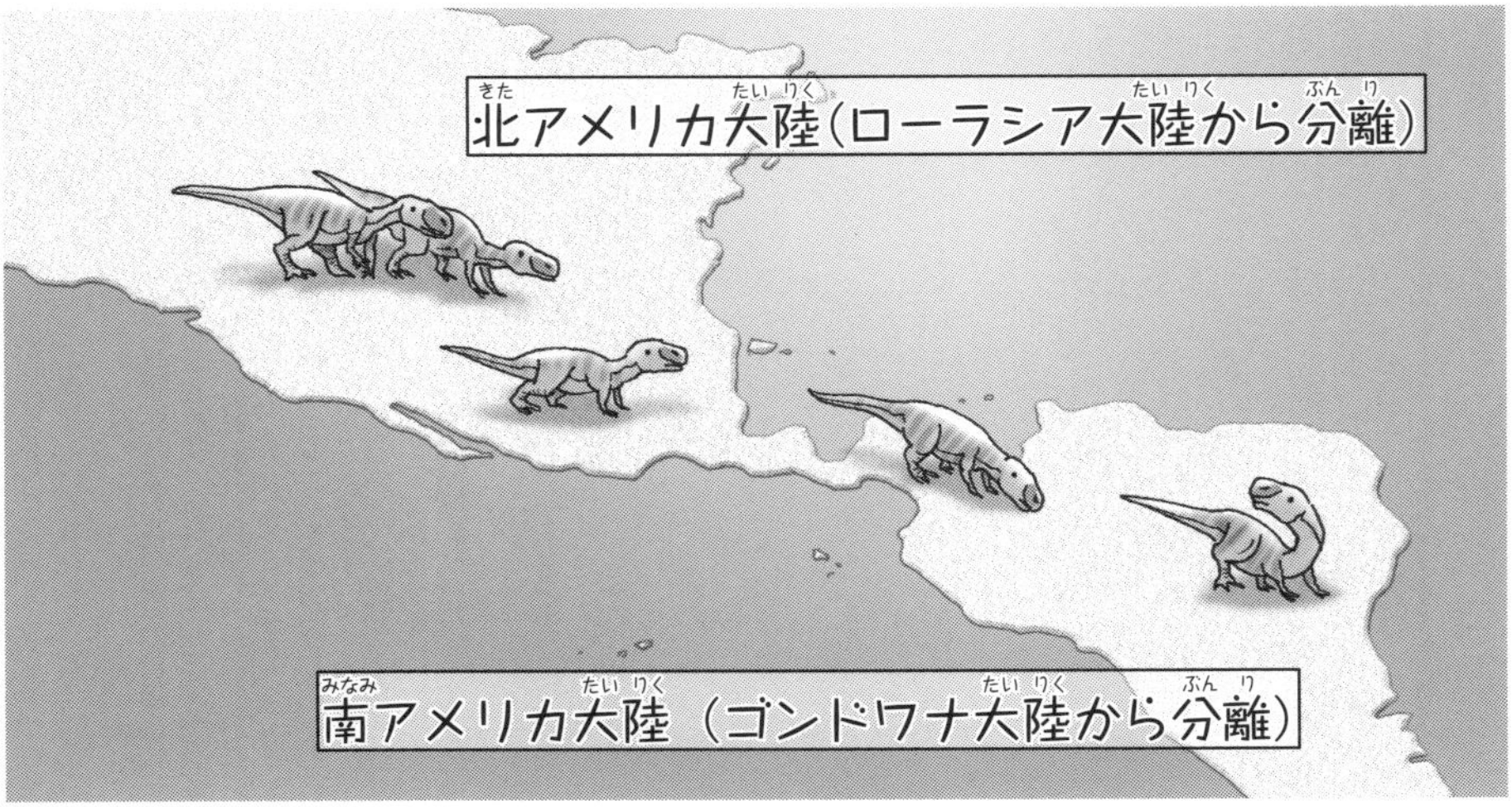

ものがたりに出《で》てきた役者《やくしゃ》たち

さて、このものがたりの舞台《ぶたい》となったアルゼンチンに話《はなし》をもどし、ものがたりの中《なか》にとうじょうした役者《やくしゃ》たちについて見《み》ていきましょう。

　主役《しゅやく》のアルゼンチノサウルスについては、前《まえ》にちょっとふれましたが、このきょうりゅうの発掘《はっくつ》にいどんだのは、アルゼンチンの古《こ》生物学者《せいぶつがくしゃ》、ロドルフォ・コーリア博士《はかせ》たちで

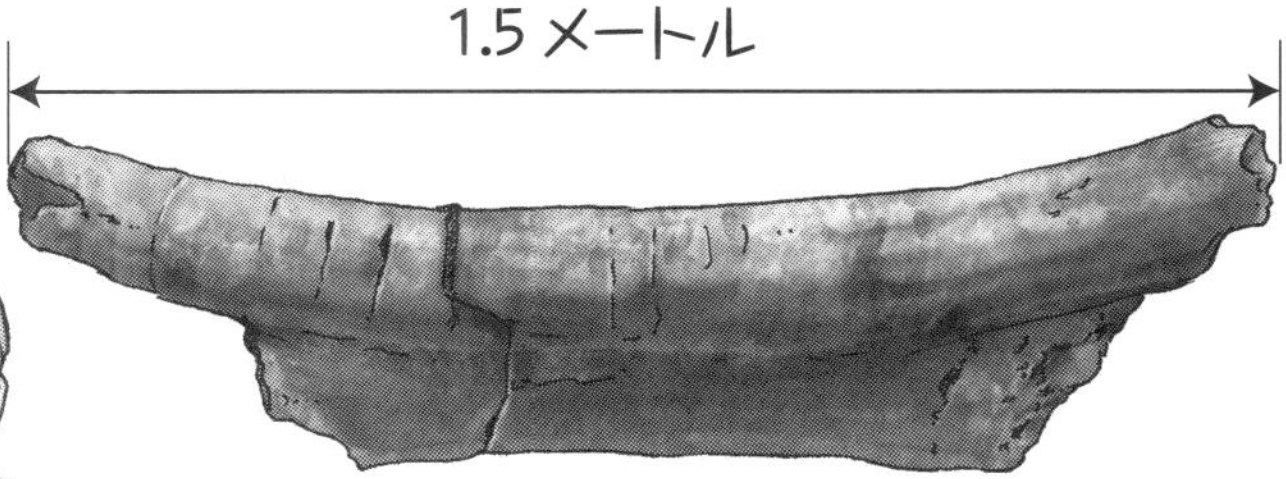

アルゼンチノサウルスの太《ふと》ももの骨《ほね》の化石《かせき》

ロドルフォ・コーリア博士《はかせ》

した。

そこはアルゼンチン、パタゴニア台地《だいち》の北《ほく》部《ぶ》にある、あれはてかわいた大地《だいち》でした。

発掘《はっくつ》は、一九八九年《ねん》にはじまったのですが、なにせ、小《ちい》さなウィンクル町《まち》（いまはウィンクル市《し》）の博物館《はくぶつかん》のわずかな予算《よさん》では、発掘《はっくつ》費用《ひよう》がままならず、作業《さぎょう》はなかなかはかどりません。

これまでに、背骨《せぼね》や腰骨《ようこつ》など一部分《いちぶぶん》の骨《ほね》がとり出《だ》されました。背骨《せぼね》の一つだけでも長《なが》さ一・三メートル、重《おも》さ一トンもある巨大《きょだい》な骨《ほね》

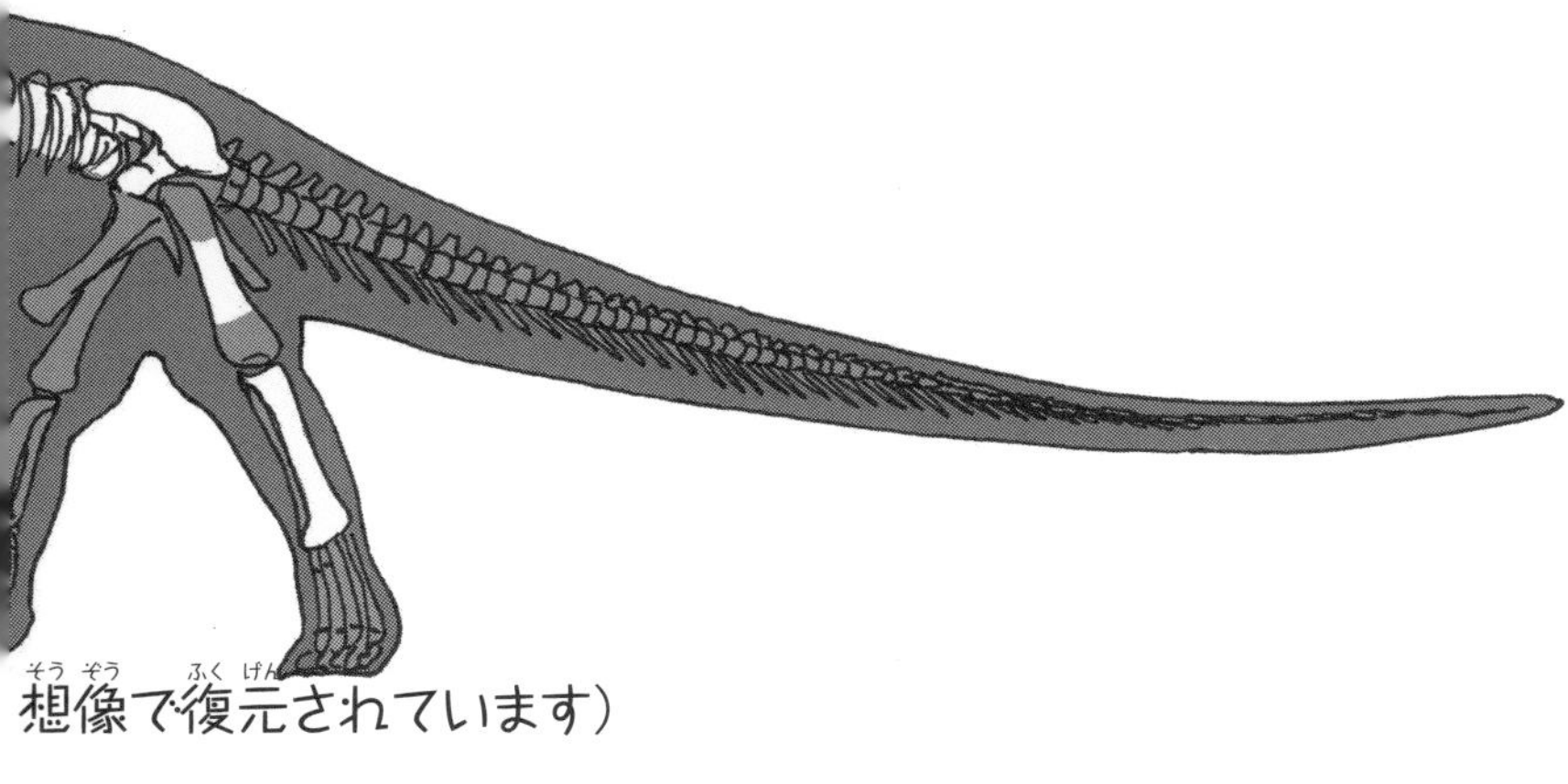

想像《そうぞう》で復元《ふくげん》されています）

です。太《ふと》ももの骨《ほね》の長《なが》さは一・五メートル。

こうした、大《おお》きな骨《ほね》からおしはかっても、体長《たいちょう》は四〇メートルにたっしたのではないかといわれています。

まぎれもなく、南《みなみ》アメリカにすむ大型《おおがた》の草《そう》食《しょく》きょうりゅうの中《なか》でも最大級《さいだいきゅう》であったことは、まちがいありません。

かれらは、めすや子《こ》どもたちを中心《ちゅうしん》に、おすたちがつきそい、肉食《にくしょく》きょうりゅうからむれを守《まも》るという生活《せいかつ》をしていたのではないかと考《かんが》えられています。

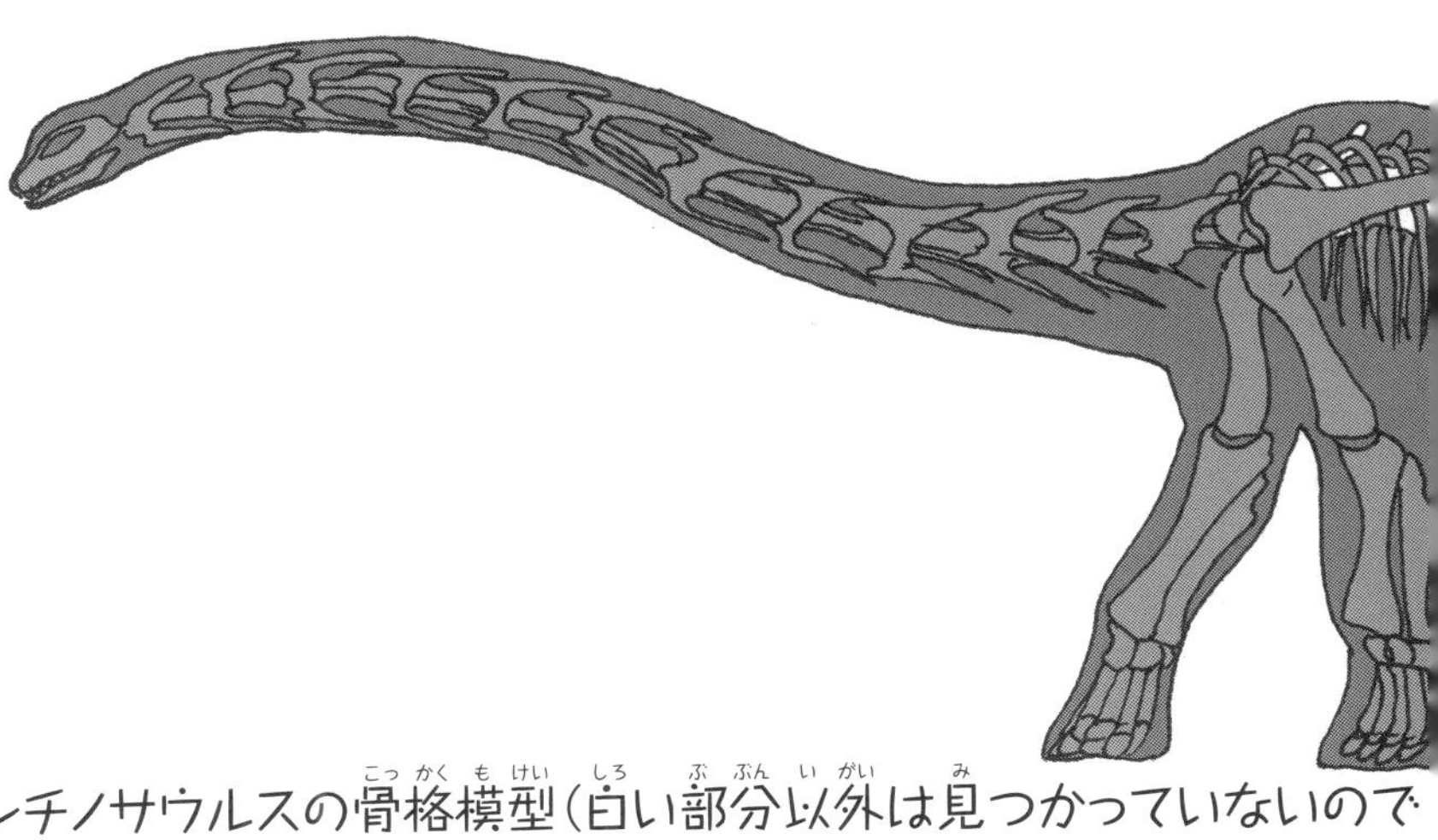

アルゼンチノサウルスの骨格模型《こっかくもけい》（白《しろ》い部分《ぶぶん》以外《いがい》は見《み》つかっていないので

さてつぎが、小悪魔《こあくま》と殺《ころ》し屋《や》の名《な》でとうじようしたギガノトサウルス（ギガノ）です。

この骨《ほね》は、アルゼンチノサウルスが発見《はっけん》されたウィンクルの町《まち》から、一時間《じかん》ほど北《きた》へ行《い》った、エル・チャコンという村《むら》の岩場《いわば》で、ひとりのわか者《もの》によって発見《はっけん》されました。

それは、一九九三年《ねん》のことでした。

コーリア博士《はかせ》が調《しら》べてみると、発見《はっけん》されたのは太《ふと》ももの骨《ほね》でしたが、あきらかにアルゼンチノサウルスなどとは異《こと》なり、ティラノサウルス・レックスのような、大型肉食《おおがたにくしょく》きょう

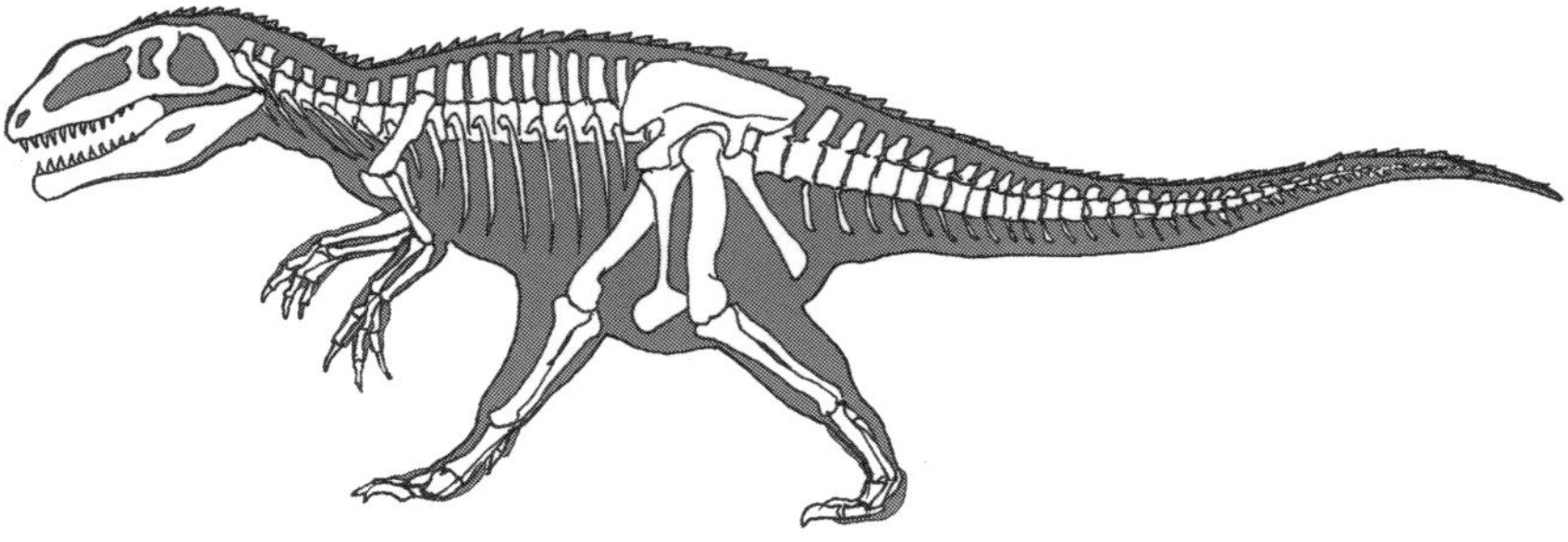

ギガノトサウルスの骨格模型《こっかくもけい》

りゅうの骨《ほね》であることがわかりました。一九九八年《ねん》までに、全体《ぜんたい》の骨《ほね》の約《やく》五〇パーセントが見《み》つかり、その骨《ほね》をもとに、全長《ぜんちょう》一三メートルの復元骨格《ふくげんこっかく》もできあがりました。

ギガノトサウルスは、「南《みなみ》アメリカのティラノサウルス」とよばれるほどの、肉食《にくしょく》きょうりゅうの王者《おうじゃ》です。

アルゼンチンをふくめ、南《みなみ》アメリカで発見《はっけん》された肉食《にくしょく》きょうりゅうの中《なか》では、もっともおそろしい殺《ころ》し屋《や》の親玉《おやだま》でした。

つぎのページでティラノサウルスと比較《ひかく》し

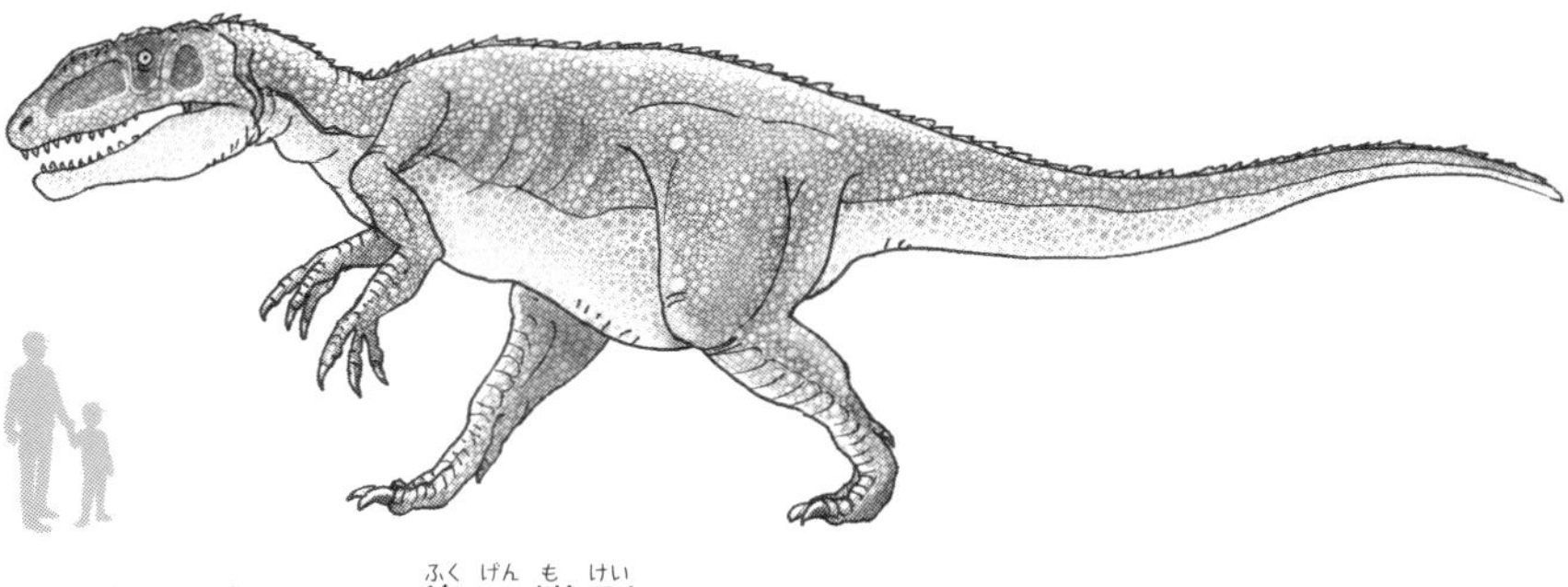

ギガノトサウルスの復元模型《ふくげんもけい》

てごらんなさい。

ギガノトサウルスの体《からだ》つきは、ティラノサウルスに似《に》ていますが、体長《たいちょう》はティラノサウルスより大《おお》きく、一四メートルもあり、頭《あたま》の長《なが》さだけでも一・七メートルという、すごさです。

大《おお》きな頭《あたま》の重《おも》みをへらすために、骨《ほね》はうすいつくりになっていました。

ティラノサウルス・レックスの前足《まえあし》はとても小《ちい》さく、指《ゆび》は二本《ほん》でしたが、ギガノトサウルスは、ティラノサウルスよりはるかに大《おお》き

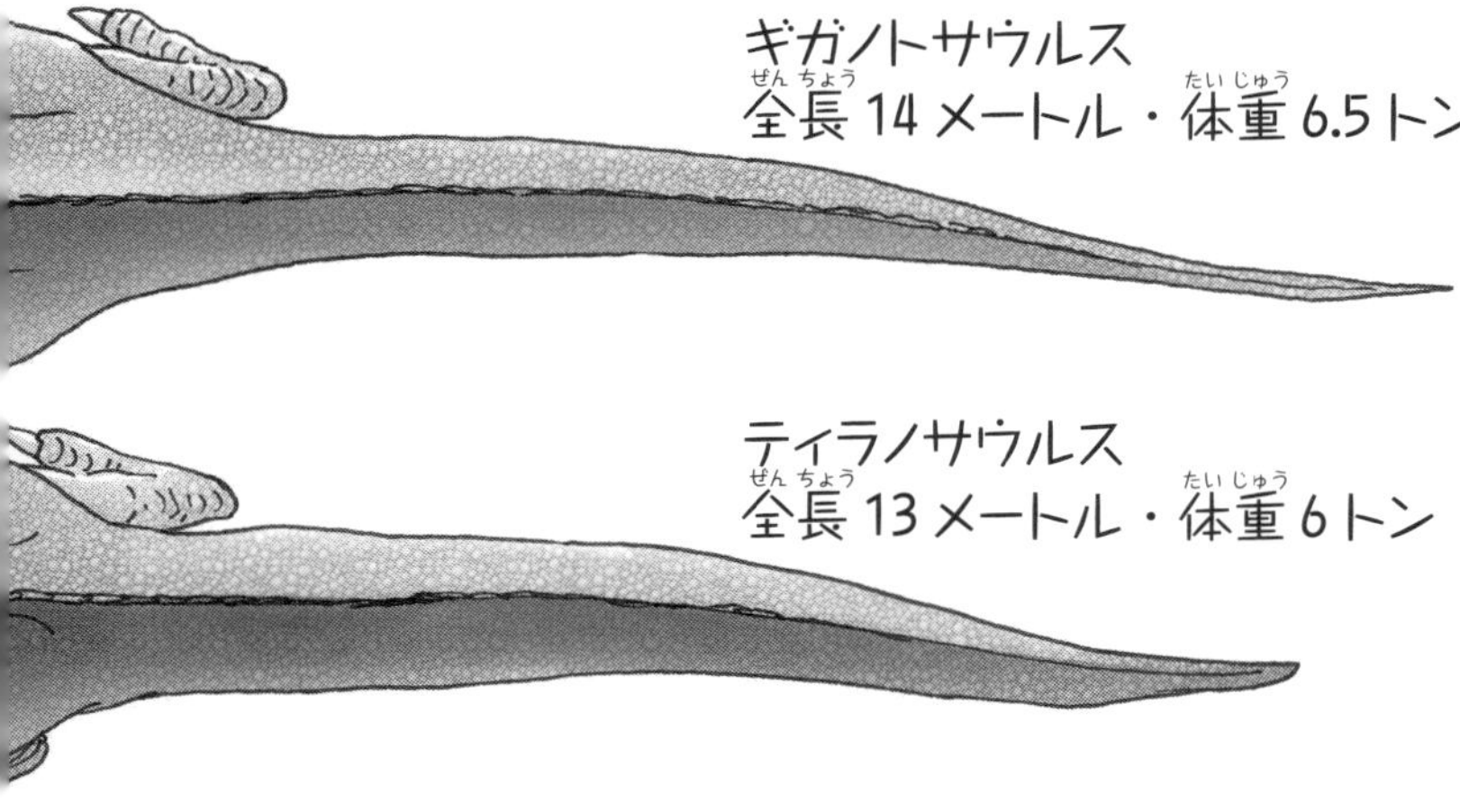

ギガノトサウルス
全長《ぜんちょう》14メートル・体重《たいじゅう》6.5トン〜13トン

ティラノサウルス
全長《ぜんちょう》13メートル・体重《たいじゅう》6トン

く、三本指《ぼんゆび》でした。

前《まえ》にも書《か》きましたが、ギガノトサウルスと同《おな》じなかまの、肉食《にくしょく》きょうりゅうカルカロドントサウルスが、アフリカのアルジェリアや、モロッコでも発見《はっけん》されています。

この本《ほん》のものがたりの中《なか》では、小悪魔《こあくま》と名《な》づけた子《こ》どもの「ギガノ」たちが、水辺《みずべ》のクリトサウルスたちをおそう場面《ばめん》が出《で》てきましたよね。

肉食《にくしょく》きょうりゅうは、あるていど育《そだ》ち、ひとり行動《こうどう》ができるようになると、親《おや》に見守《みまも》ら

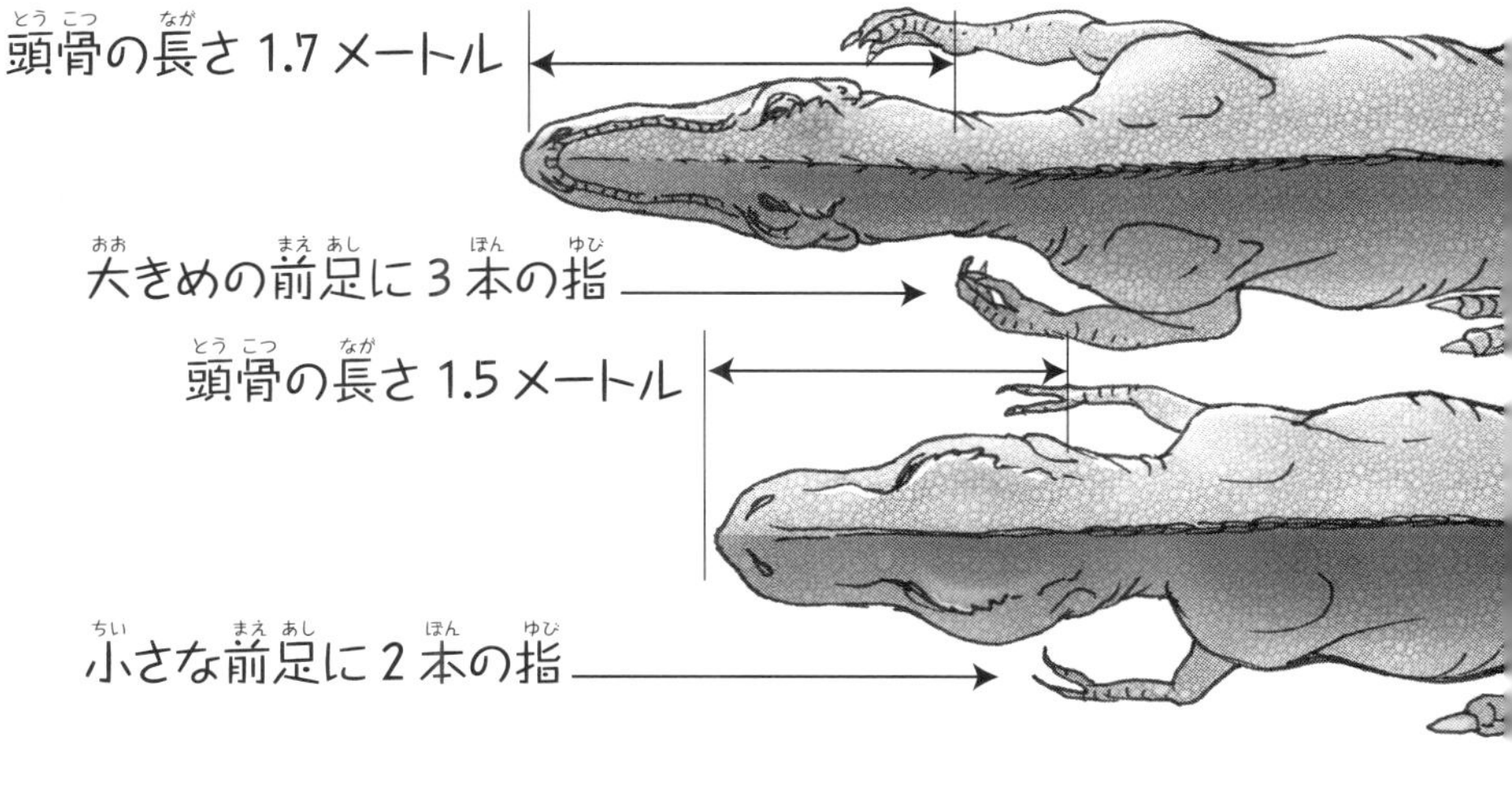

れながら、子《こ》どものときから、狩《か》りになれるように、しむけられたでしょう。ものがたりの中《なか》では、同《おな》じ子《こ》どものなかまが集《あつ》まって、狩《か》りをするようすをえがきました。

ものがたりの中《なか》で、つぎにとうじょうしたきょうりゅうが、ぬまの岸《きし》にいたクリトサウルス（クリト）でした。

クリトサウルスは、カモノハシリュウとよばれるなかまの、大型草食《おおがたそうしょく》きょうりゅうです。

カモノハシリュウの名《な》まえのいわれは、は

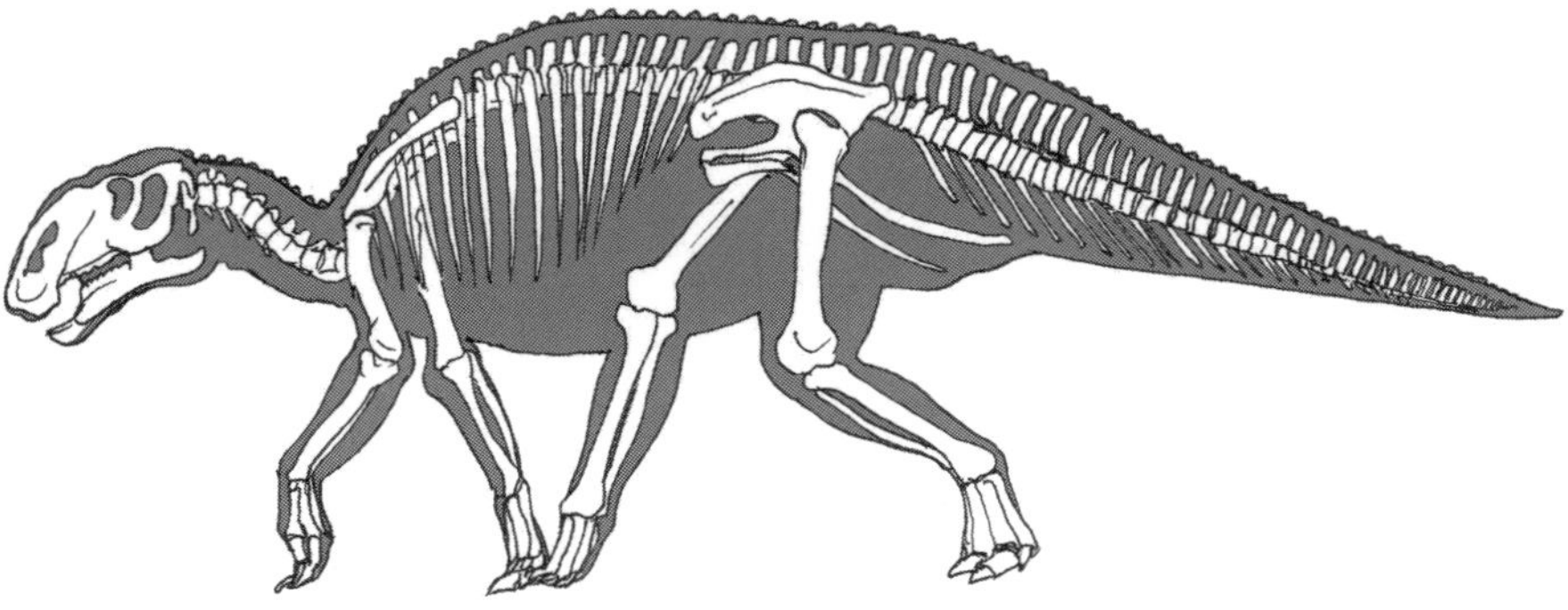

クリトサウルスの骨格模型《こっかくもけい》

ばが広《ひろ》く、歯《は》のないくちばしのかたちから、そんなニックネームがついたのです。

　このなかまには、頭《あたま》にトサカをつけたのもいましたが、クリトサウルスには頭《あたま》のかざりはなく、顔《かお》に太《ふと》いコブがあり、あつく、かたい皮《かわ》でおおわれていました。

　すでに、一九〇〇年《ねん》のはじめに、北《きた》アメリカで発見《はっけん》され、よく知《し》られていました。

　しかし、南《みなみ》アメリカで発見《はっけん》されたことで、七千万年前《せんまんねんまえ》ごろ、南北《なんぼく》アメリカが一時的《いちじてき》に陸《りく》つづきになったときに、北《きた》アメリカから、進《しん》

クリトサウルスの復元模型《ふくげんもけい》

入《にゅう》してきたのだろう、といわれています。

ものがたりには、パタゴおばさん（パタゴプテリクス）とよんだ鳥《とり》も、とうじょうしましたね。

この鳥《とり》の化石《かせき》は、アルゼンチンのネウケン州《しゅう》で、頭《あたま》や背骨《せぼね》、足《あし》など一部《ぶ》の骨《ほね》が発見《はっけん》されています。

大《おお》きさはニワトリくらいで、長《なが》い足《あし》を使《つか》って、ダチョウのように走《はし》っていたと考《かんが》えられています。

また大《おお》ワニもとうじょうして、アホとンガ

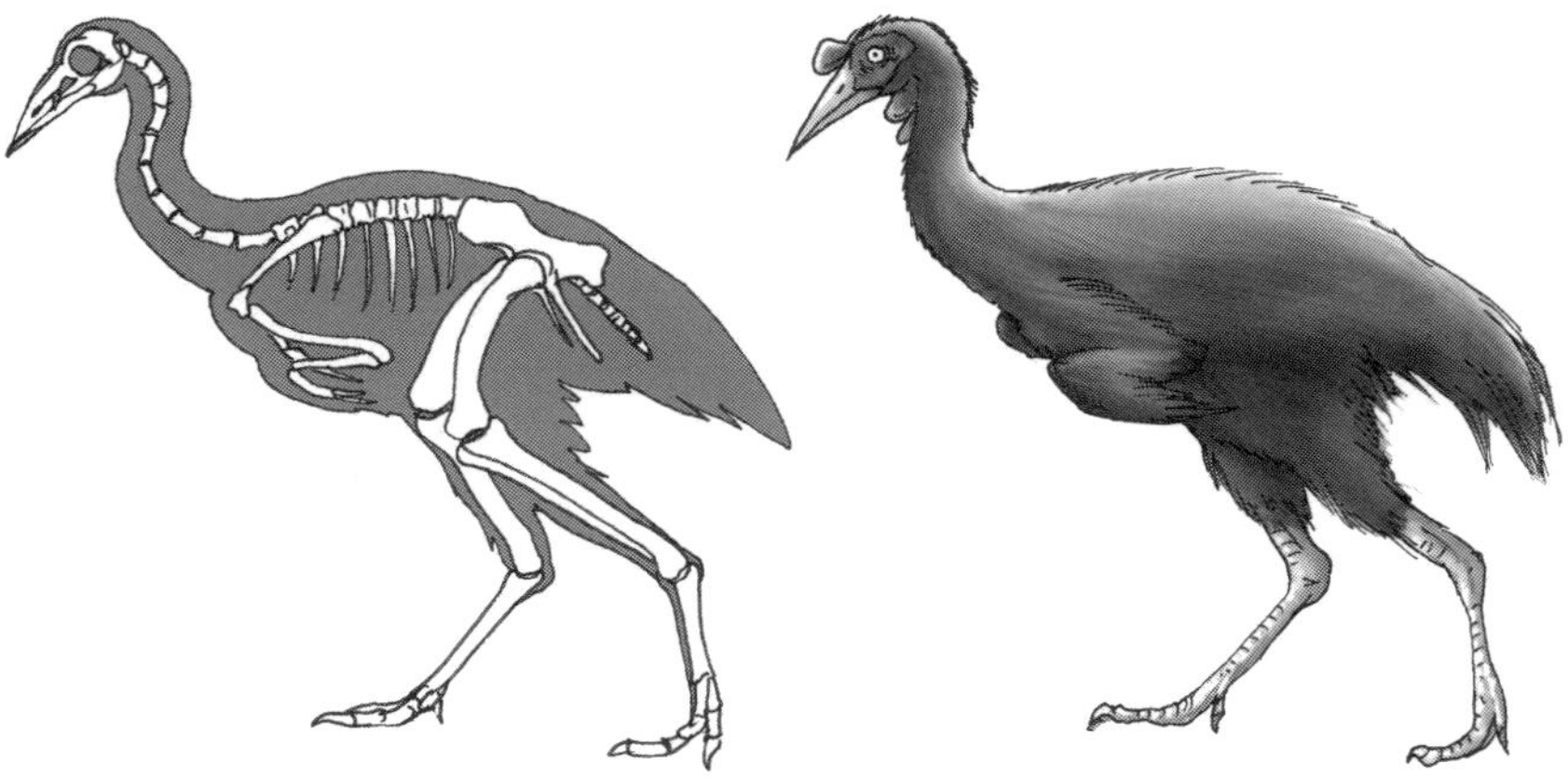

パタゴプテリクスの骨格模型《こっかくもけい》と復元模型《ふくげんもけい》

があやうくおぼれそうになったときに、たすけてくれました。

ワニはすでに、およそ二億年前《おくねんまえ》（三畳紀後期《さんじょうきこうき》）には地球上《ちきゅうじょう》にあらわれ、しだいになかまをふやしていきました。

いま地球上《ちきゅうじょう》に見《み》られるようなワニがあらわれたのは、ちょうどこの本《ほん》のものがたりの舞台《ぶたい》となった、白亜紀《はくあき》の終《お》わりごろでした。

ものがたりには出《で》てきませんでしたが、同《おな》じころ、アルゼンチンの大地《だいち》をかけめぐっていた「ガスパリニサウラ」という、小型《こがた》で足《あし》

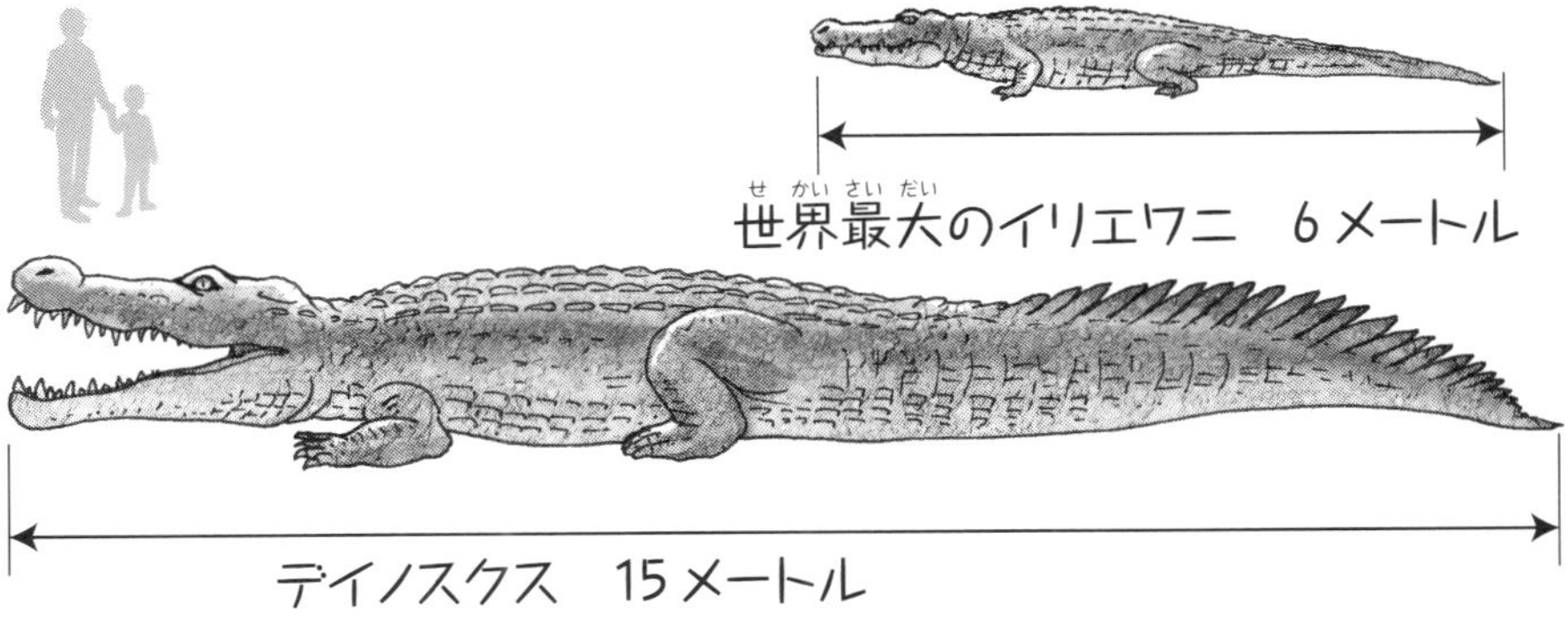

ワニはきょうりゅうより昔《むかし》から地球《ちきゅう》に現《あらわ》れて以来《いらい》、殆《ほとん》ど形《かたち》が変《か》わっていませんが、今《いま》よりずっと大《おお》きな種類《しゅるい》もいました。

の速《はや》いきょうりゅうがいました。

アルゼンチン・パタゴニアのリオネグロ州《しゅう》で発見《はっけん》されたこのきょうりゅうは、おとなでも全長《ぜんちょう》一メートルほどで、六五センチの子《こ》どもをふくめて二〇体《たい》以《い》上《じょう》の化石《かせき》が、かたまって発見《はっけん》されています。

おそらくむれをつくり、昆虫《こんちゅう》やトカゲなどの小動物《しょうどうぶつ》をとらえて食《た》べていたのではないかといわれています。下《した》の絵《え》がその復元《ふくげん》です。

いっぱんによく知《し》られている、オルニトミムスによく似《に》ていますね。

ガスパリニサウラの復《ふく》元《げん》模《も》型《けい》

きょうりゅう化石《かせき》の宝庫《ほうこ》

さてこれまで、ものがたりの舞台《ぶたい》となった七千万年前《せんまんねんまえ》（白亜紀後期《はくあきこうき》）のきょうりゅうたちについて書《か》いてきましたが、じつは、それより前《まえ》の時代《じだい》（白亜紀前期《はくあきぜんき》）にも、かなりめずらしく、なぞにつつまれたきょうりゅうたちがいたことがあきらかになっています。

その一つが、アマルガサウルスです。

下《した》の絵《え》をごらんください。

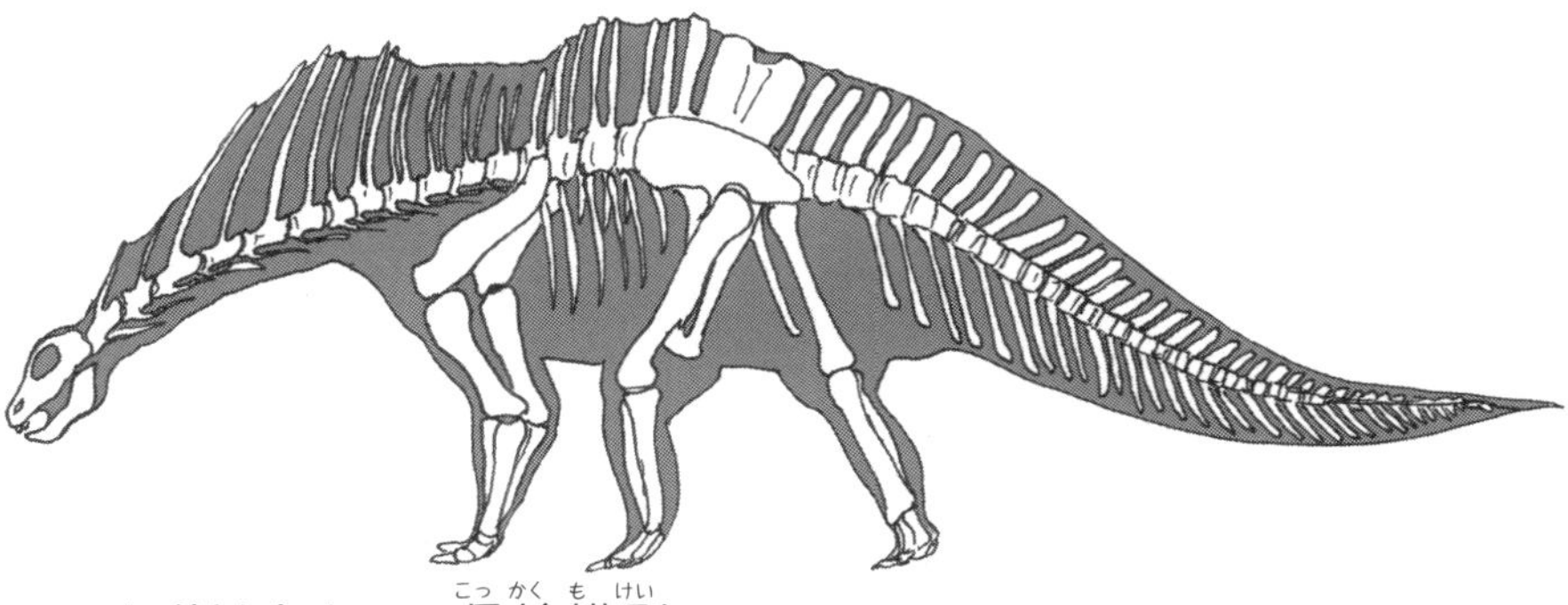

アマルガサウルスの骨格模型《こっかくもけい》

アマルガサウルスは、アルゼンチノサウルスやギガノトサウルスが発見《はっけん》された場所《ばしょ》、パタゴニアで発見《はっけん》された、全長約《ぜんちょうやく》一二メートルの、中型草食《ちゅうがたそうしょく》きょうりゅうです。

アマルガサウルスには、首《くび》から背中《せなか》にかけて、トゲのようにつき出《で》た骨《ほね》があるのがとくちょうです。

いったいこのふしぎなトゲが、なんの役目《やくめ》を持《も》っていたのかは、わかっていませんが、肉食《にくしょく》きょうりゅうにおそわれたときなどに、このトゲをせいいっぱいにひろげて、相手《あいて》を

アマルガサウルスの復元模型《ふくげんもけい》

おどしたのではないかともいわれています。

肉食《にくしょく》きょうりゅうから、体《からだ》を守《まも》る武器《ぶき》だったろう、という意見《いけん》もありますが、ほかにも、船《ふね》の帆《ほ》のようなしかけで、暑《あつ》いときに体《からだ》をひやす役目《やくめ》をしていたのではないかなど、いろいろな説《せつ》があり、いまのところ、はっきりとはわかっていません。

つぎに、草食《そうしょく》きょうりゅうサルタサウルスを、しょうかいしましょう。

サルタサウルスも、アマルガサウルス同様《どうよう》に、ふうがわりなきょうりゅうで、下《した》の絵《え》が

サルタサウルスの復元模型《ふくげんもけい》

そうです。

アルゼンチン北西部《ほくせいぶ》のサルタ州《しゅう》で発見《はっけん》されたことから、「サルタのトカゲ」という意味《いみ》の名《な》まえがつきました。

四つ足《あし》の草食《そうしょく》きょうりゅうで、体長《たいちょう》は一二メートル、首《くび》から背中《せなか》とわき腹《ばら》を、がっしりとした骨《ほね》の板《いた》と無数《むすう》の骨《ほね》のこぶで守《まも》られたきょうりゅうは、ほかにいません。

その長《なが》い首《くび》をたくみに使《つか》って、かなり高《たか》いところにはえている植物《しょくぶつ》を食《た》べ、肉食《にくしょく》きょうりゅうのしゅうげきにそなえて、なかまがか

サルタサウルスの皮膚《ひふ》の化石《かせき》

たまって行動《こうどう》したでしょう。

もし、肉食《にくしょく》きょうりゅうがとびかかってきて、背中《せなか》にするどいカギづめをうちこんだとしても、まるで岩《いわ》のような骨《ほね》の板《いた》と、こぶに守《まも》られ、相手《あいて》は反対《はんたい》につめがおれ、さんざんな目《め》にあったにちがいありません。

ところで、アルゼンチノサウルスの発見《はっけん》されたパタゴニアでは、その後《ご》たくさんの巨大《きょだい》きょうりゅうが、つぎつぎと発掘《はっくつ》されました。

一九九一年《ねん》に発見《はっけん》されたアンデサウルスは、腕《うで》の骨《ほね》だけで一三五センチもありました。

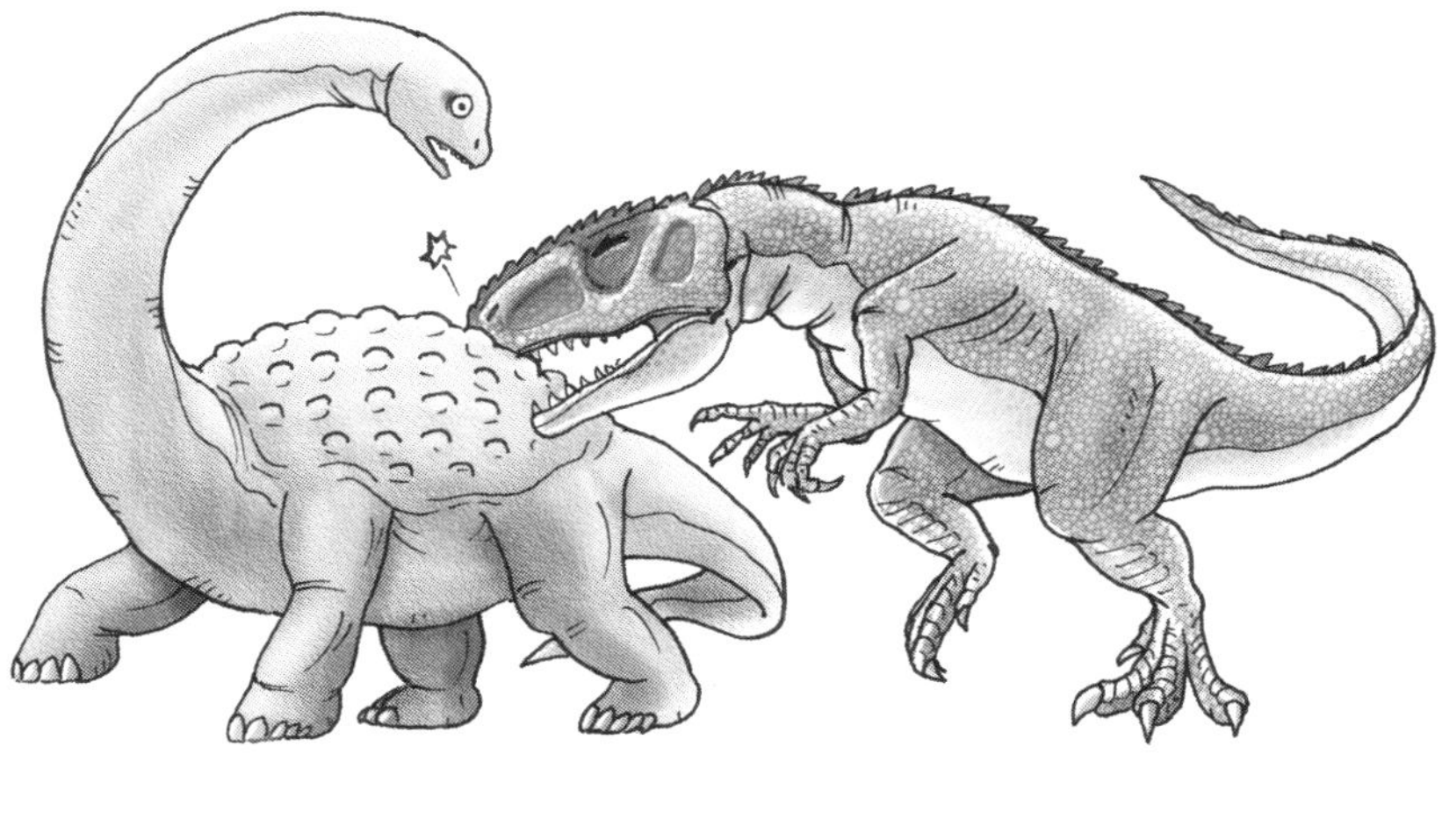

二〇〇一年《ねん》に発見《はっけん》されたプエルタサウルスは、全長《ぜんちょう》四〇メートル、体重《たいじゅう》は一〇〇トンとも推定《すいてい》され、アルゼンチノサウルスと匹敵《ひってき》する大《おお》きさだったろうといわれています。

二〇〇七年《ねん》に見《み》つかったフタロンコサウルスは、その全身骨格《ぜんしんこっかく》の七〇パーセントが見《み》つかり、かなり正確《せいかく》に全長約《ぜんちょうやく》三二～三四メートル、体重約《たいじゅうやく》七〇トン、頭《あたま》までの高《たか》さは四階建《かいだ》ての建物《たてもの》に相当《そうとう》するといわれています。

さらに二〇一四年《ねん》に発見《はっけん》されたドレッドノータス。まだ成長途中《せいちょうとちゅう》と思《おも》われるこの化石《かせき》は、

全長《ぜんちょう》二六メートル、体重《たいじゅう》六〇～六五トンと推《すい》定《てい》されています。全身骨格《ぜんしんこっかく》の七〇パーセントの化石《かせき》が発掘《はっくつ》され、これまでに見《み》つかったティタノサウルス類《るい》の化石《かせき》の中《なか》ではもっとも完《かん》全《ぜん》な状態《じょうたい》だったことから、「正確《せいかく》な計算上《けいさんじょう》では史上最大《しじょうさいだい》の動物《どうぶつ》」ともいわれています。

その意味《いみ》では、発掘《はっくつ》された背骨《せぼね》や大腿骨《だいたいこつ》だけで「史上最大《しじょうさいだい》のきょうりゅう」といわれるアルゼンチノサウルスは、肩身《かたみ》がせまいかもしれませんね。

ところで、これほど多《おお》くの、史上最大級《しじょうさいだいきゅう》の

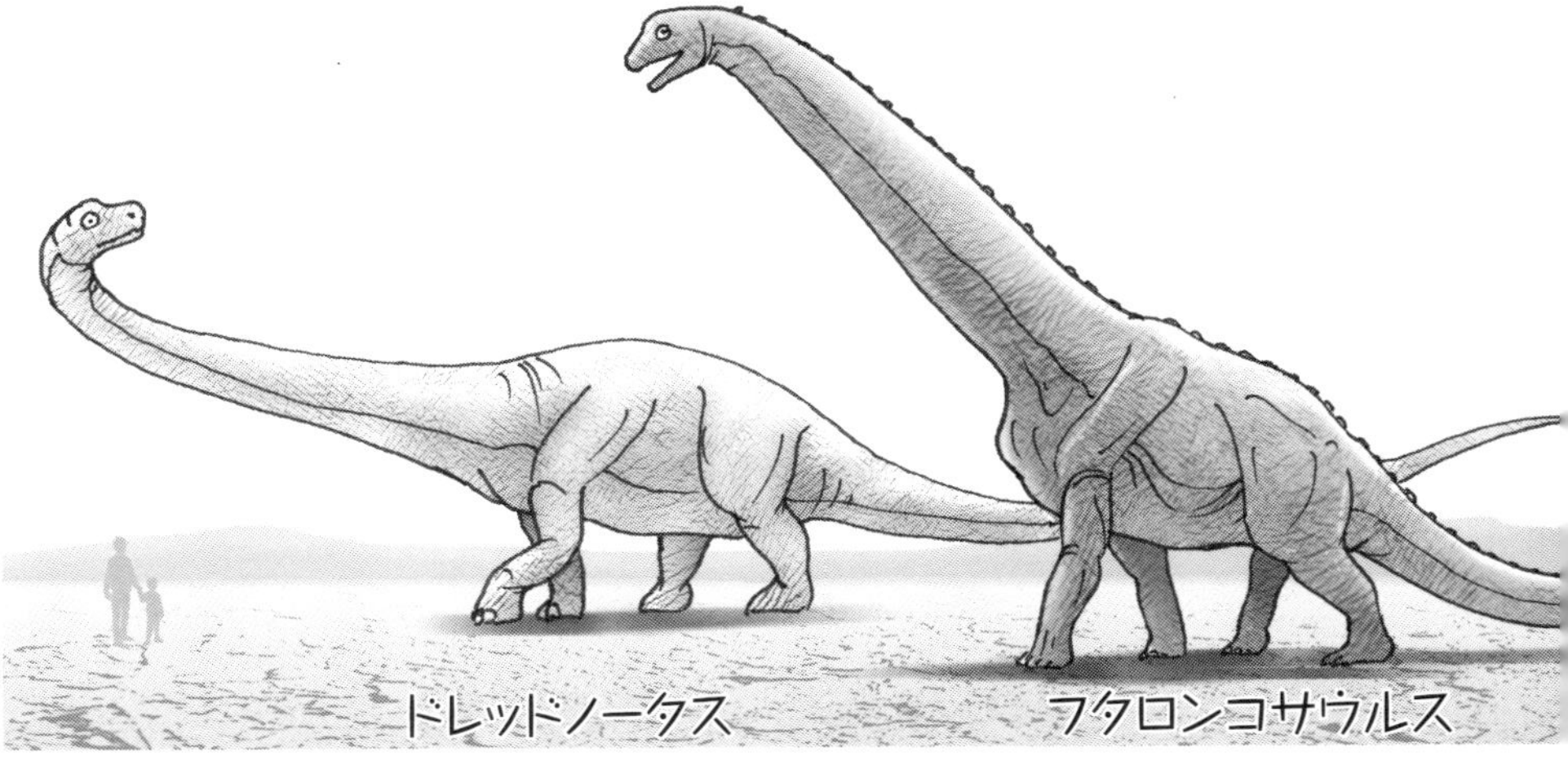

きょうりゅう化石《かせき》を生《う》み出《だ》し、「きょうりゅう化石《かせき》の宝庫《ほうこ》」といわれるパタゴニアは、いったいどんなところだったでしょう。

アルゼンチノサウルスやドレッドノータスなどの巨大草食竜《きょだいそうしょくりゅう》が、自由《じゆう》に動《うご》きまわり、シダや針葉樹《しんようじゅ》などがおいしげった、ゆたかな大地《だいち》——。いまは、あれはてた台地《だいち》パタゴニアも、白亜紀後期《はくあきこうき》には、そんな世界《せかい》がひろがっていたのでしょうね。

たかしよいち

1928年熊本県生まれ。児童文学作家。壮大なスケールの冒険物語、考古学への心おどる案内の書など多くの作品がある。主な著作に『埋ずもれた日本』(日本児童文学者協会賞)、『竜のいる島』(サンケイ児童図書出版文化賞・国際アンデルセン賞優良作品)、『狩人タロの冒険』などのほか、漫画の原作として「まんが化石動物記」シリーズ、「まんが世界ふしぎ物語」シリーズなどがある。

中山けーしょー

1962年東京都生まれ。本の挿絵やゲームのイラストレーションを手がける。主な作品に、小前亮の「三国志」シリーズ、「逆転！痛快！日本の合戦」シリーズなどがある。現在は、岐阜県在住。

◇本書は、2001年1月に刊行された「まんがなぞとき恐竜大行進6ゆかいだぞ！アルゼンチノサウルス」を、最新情報にもとづき改稿し、新しいイラストレーションによってリニューアルしました。

新版なぞとき恐竜大行進

アルゼンチノサウルス これが超巨大竜だ！

2016年4月初版
2021年6月第2刷発行

文　たかしよいち

絵　中山けーしょー

発行者　内田克幸

発行所　株式会社理論社
〒101-0062 東京都千代田区神田駿河台2-5
電話［営業］03-6264-8890［編集］03-6264-8891
URL https://www.rironsha.com

企画…………山村光司

編集・制作…大石好文

デザイン……新川春男（市川事務所）

組版…………アズワン

印刷・製本…中央精版印刷

制作協力……小宮山民人

ISBN978-4-652-20149-7 NDC457 A5変型判 21cm 94P

遠いとおい大昔、およそ１億６千万年にもわたって
たくさんの恐竜たちが生きていた時代——。
かれらはそのころ、なにを食べ、どんなくらしをし、
どのように子を育て、たたかいながら……
長い世紀を生きのびたのでしょう。
恐竜なんでも博士・たかしよいち先生が、
新発見のデータをもとに痛快にえがく

「なぞとき恐竜大行進」シリーズが、

新版になって、ゾクゾク登場!!

新版 なぞとき恐竜大行進

第Ⅰ期 全5巻

①フクイリュウ　福井で発見された草食竜
②アロサウルス　あばれんぼうの大型肉食獣
③ティラノサウルス　史上最強！恐竜の王者
④マイアサウラ　子育てをした草食竜
⑤マメンチサウルス　中国にいた最大級の草食竜

第Ⅱ期 全5巻

⑥アルゼンチノサウルス　これが超巨大竜だ！
⑦ステゴサウルス　背びれがじまんの剣竜
⑧アパトサウルス　ムチの尾をもつカミナリ竜
⑨メガロサウルス　世界で初めて見つかった肉食獣
⑩パキケファロサウルス　石頭と速い足でたたかえ！

第Ⅲ期 全5巻

⑪アンキロサウルス　よろいをつけた恐竜
⑫パラサウロロフス　なぞのトサカをもつ恐竜
⑬オルニトミムス　ダチョウの足をもつ羽毛恐竜
⑭プテラノドン　空を飛べ！巨大翼竜
⑮フタバスズキリュウ　日本の海にいた首長竜